变电站运行与检修技术丛书

110kV 变电站
电气试验技术

丛书主编 杜晓平

本书主编 楼其民 楼 钢

中国水利水电出版社
www.waterpub.com.cn

内 容 提 要

本书是《变电站运行与检修技术丛书》之一。本书结合多年来现场工作的宝贵经验，主要介绍了110kV变电站各电气试验技术。全书共分3章，分别介绍了电气试验理论部分、电气专项试验、设备C级检修等内容。

本书既可作为从事变电站运行管理、检修调试、设计施工和教学等相关人员的专业参考书和培训教材，也可作为高等院校相关专业师生的教学参考用书。

图书在版编目（CIP）数据

110kV变电站电气试验技术 / 楼其民，楼钢主编. --
北京：中国水利水电出版社，2016.1(2023.2重印)
（变电站运行与检修技术丛书 / 杜晓平主编）
ISBN 978-7-5170-3907-5

Ⅰ. ①1… Ⅱ. ①楼… ②楼… Ⅲ. ①变电所—电工试
验 Ⅳ. ①TM63

中国版本图书馆CIP数据核字(2015)第314500号

书　名	变电站运行与检修技术丛书 **110kV 变电站电气试验技术**
作　者	丛书主编　杜晓平 本书主编　楼其民　楼　钢
出版发行	中国水利水电出版社 （北京市海淀区玉渊潭南路1号D座　100038） 网址：www.waterpub.com.cn E-mail：sales@mwr.gov.cn 电话：(010) 68545888（营销中心）
经　售	北京科水图书销售有限公司 电话：(010) 68545874、63202643 全国各地新华书店和相关出版物销售网点
排　版	中国水利水电出版社微机排版中心
印　刷	天津嘉恒印务有限公司
规　格	184mm×260mm　16开本　10.75印张　254千字
版　次	2016年1月第1版　2023年2月第2次印刷
印　数	4001—5500册
定　价	**69.00元**

本书编委会

主　　编　楼其民　楼　钢

副 主 编　张一军　吴胥阳　李向军

参编人员（按姓氏笔画排序）

马　骁　吴　峰　余　侃　陈欣华　徐勇俊

盛　骏　程辉阳　楚文成

前　　言

全球能源互联网战略不仅将加快世界各国能源互联互通的步伐，也势必强有力地促进国内智能电网快速发展，许多电力新设备、新技术应运而生，电网安全稳定运行面临着新形势、新任务、新挑战。这对如何加强专业技术培训，打造一支高素质的电网运行、检修专业队伍提出了新要求。因此我们编写了《变电站运行与检修技术丛书》，以期指导提升变电运行、检修专业人员的理论知识水平和操作技能水平。

本丛书共有六个分册，分别是《110kV 变电站保护自动化设备检修运维技术》《110kV 变电站电气设备检修技术》《110kV 变电站电气试验技术》《110kV 变电站开关设备检修技术》《110kV 变压器及有载分接开关检修技术》以及《110kV 变电站变电运维技术》。作为从事变电站运维检修工作的员工培训用书，本丛书将基本原理与现场操作相结合、理论讲解与实际案例相结合，立足运维检修，兼顾安装维护，全面阐述了安装、运行维护和检修相关内容，旨在帮助员工快速准确判断、查找、消除故障，提升员工的现场作业、分析问题和解决问题能力，规范现场作业标准化流程。

本丛书编写人员均为从事一线生产技术管理的专家，教材编写力求贴近现场工作实际，具有内容丰富、实用性和针对性强等特点。通过对本丛书的学习，读者可以快速掌握变电站运行与检修技术，提高自己的业务水平和工作能力。

本书是《变电站运行与检修技术丛书》的一本，主要内容包括：电气试验理论部分、电气专项试验、设备 C 级检修等。

在本丛书的编写过程中得到过许多领导和同事的支持和帮助，

使内容有了较大改进，在此向他们表示衷心的感谢。本丛书的编写参阅了大量的参考文献，在此对其作者一并表示感谢。

由于编者水平有限，书中疏漏和不足之处在所难免，敬请广大读者批评指正。

编者

2015 年 11 月

目　　录

前言

第1章　电气试验理论部分 ··· 1

1.1　电路基础理论 ·· 1

1.2　高电压基础理论 ·· 3

1.3　电气试验基础理论 ···4

第2章　电气专项试验 ··· 9

2.1　绝缘电阻测试 ·· 9

2.2　直流泄漏试验 ··· 13

2.3　介质损耗测试 ··· 17

2.4　开关特性测试 ··· 27

2.5　直流电阻测试 ··· 30

2.6　低电压短路阻抗检测 ··· 34

2.7　变压器绕组频率响应测试 ··· 37

2.8　有载分接开关测试 ··· 39

2.9　交流耐压试验 ··· 43

2.10　红外成像测试 ·· 50

2.11　电力设备的状态评价 ·· 57

第3章　设备C级检修 ··· 62

3.1　110kV变压器C级检修 ··· 62

3.2　110kV SF₆断路器C级检修 ·· 68

3.3　10kV真空断路器C级检修 ··· 72

3.4　110kV电压互感器C级检修 ·· 76

3.5　110kV电流互感器C级检修 ·· 83

3.6　无间隙金属氧化物避雷器C级检修 ·· 88

附录A　输变电设备基础资料与信息收集明细表 ··· 94

附录B　资料性附录一 ··· 99

附录C　资料性附录二 ·· 100

附录D　规范性附录一 ·· 110

附录E　规范性附录二 ·· 135

第1章 电气试验理论部分

1.1 电路基础理论

1.1.1 电阻的串联和并联

把若干个电阻依次连接的方式可称为电阻的串联,如图1-1所示。

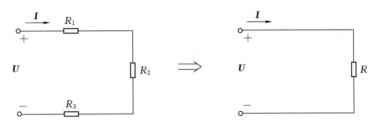

图 1-1 串联电路示意图

图1-1中,电路等效电阻 R 可计算为 $R=R_1+R_2+R_3$。

把若干个电阻的首端连在一起,尾端也连在一起,称为电阻的并联,如图1-2所示。

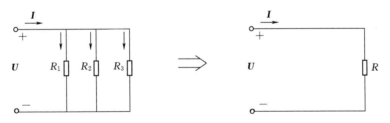

图 1-2 并联电路示意图

图1-2中,电路等效电阻 R 的关系式为

$$1/R=1/R_1+1/R_2+1/R_3$$

1.1.2 欧姆定律

一个电阻器,如果忽略其磁效应,可视为一个电阻元件。电阻元件是一种最常见的元件,它的特性可以用端电压和电流之间的关系来表示,又称为伏安关系,即

$$U=RI$$

式中　U——电阻元件两端的电压,V;

　　　I——通过电阻元件的电流,A;

　　　R——电阻元件的电阻,Ω。

由于电阻元件中的电流与电压的实际方向总是一致，所以该式只有在关联参考方向下才适用。

1.1.3 正弦电路中的电感元件

电感元件如图 1-3 所示。其感抗的计算公式为

$$X_L = \omega L = 2\pi f L = U/I$$

电感元件的电压和电流的最大值之比等于 ωL；在相位上，电压超前电流 $90°$。

对于两种极端情况：

（1）当频率 $f \to \infty$ 时，$X_L \to \infty$，电感元件相当于开路。

（2）当频率 $f \to 0$（即直流）时，$X_L = 0$，电感元件在直流情况下相当于短路。

1.1.4 正弦电路中的电容元件

正弦电路中的电容元件如图 1-4 所示。其容抗的计算公式为

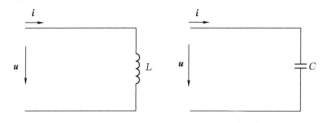

图 1-3 电感元件示意图   图 1-4 电容元件示意图

$$X_C = 1/\omega C = 1/2\pi f C = U/I$$

电容元件的电压和电流的最大值之比值等于 $1/\omega C$；在相位上，电流超前电压 $90°$。

对于两种极端情况：

（1）当频率 $f \to \infty$ 时，$X_C \to 0$，电容元件相当于短路。

（2）当频率 $f \to 0$（即直流）时，$X_C = \infty$，电容元件在直流情况下相当于开路，具有隔直作用。

1.1.5 R、L、C 串联电路的谐振

含有电感和电容的交流电路，在一般情况下，电路的端电压和电流是有相位差的，但

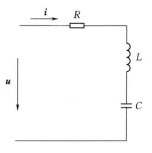

图 1-5 R、L、C 串联电路

在一定的条件下，端电压和电流可能出现同相位的现象，称为电路发生谐振。谐振在实际工程中有着广泛的应用，但在有些场合也可能造成一些危害，因而研究谐振有着重要的实用意义。R、L、C 串联电路如图 1-5 所示。

在正弦电压 u 的作用下，电路中电流的有效值 $I = U/\sqrt{R^2 + (\omega L - 1/\omega C)^2}$。

电压和电流的相位差 $\varphi = \arctan [(\omega L - 1/\omega C)/R]$。

如果外加电压的频率可变，当 ω 从零逐渐增加时，感抗

ωL 也从零逐渐增加，而容抗 $1/\omega C$ 则从无限大逐渐减小。在某一频率下，如果 $\omega L = 1/\omega C$ 时，$\varphi = 0$，电压和电流同相位，电路即发生谐振。此时 $\omega_0 = 1/\sqrt{LC}$，对应的谐振频率 $f_0 = 1/2\pi\sqrt{LC}$。

1.2 高电压基础理论

1.2.1 电介质的基本电气特性

电介质又称绝缘材料，简称绝缘，是电工中应用最广泛的一类材料。电介质在电场作用下会发生极化、电导、损耗、击穿等物理现象，在长期使用条件下还会发生老化。

1. 电介质的极化

电介质在外电场的作用下，所发生的束缚电荷的移位或偶极分子的转向，称为电介质的极化。

其极化的基本形式分为：①电子式极化；②离子式极化；③偶极式极化；④夹层式极化。

2. 电介质的电导

电介质并不是理想的绝缘体，在电场的作用下仍然会有一定的电流流过，这就叫做电介质的电导。

3. 电介质的损耗

电介质在外加电压作用下，一部分电能被转换为热能，这种现象称为介质损耗。其损耗可分为电导损耗、极化损耗及电离损耗等。

4. 电介质的老化

电介质在使用过程中，由于受各种因素的作用，其性能逐渐变坏，以致最后丧失使用价值，这一现象称为老化。

1.2.2 气体放电的基本理论

气体在电压作用下而发生导通电流的现象称为气体放电。其主要形式有：①火花放电；②辉光放电；③电晕放电；④电弧放电。

气体放电理论又可分为均匀电场中的气体放电和不均匀电场中的气体放电。其中较为典型的理论有汤逊放电理论、巴申定律和流柱理论等，这些理论都是建立在均匀电场下的，实际电力设施中常见的却是不均匀电场，研究这些理论是为了探寻气体放电的基本物理过程，为不均匀电场中的气体放电提供基石。

1.2.3 液体、固体电介质的击穿特性

1. 液体电介质的击穿

关于液体电介质击穿过程的观点，目前概况可以分为两大类：①由于电子的碰撞游离而发生击穿；②液体介质内含有各种杂质，在电场作用下，杂质形成"小桥"，贯通电极间导致击穿。

2. 固体电介质的击穿

固体电介质的击穿与气体、液体电介质的击穿比较，主要有两点不同：①固体电介质的击穿强度一般都比气体和液体的高；②固体电介质的击穿通常是一种不可逆的变化过程，击穿以后的介质中留有不能恢复的痕迹，如贯穿两极间的熔洞、烧穿的孔道、裂开等，即使去掉外施电压，也不像气体、液体电介质那样能自己恢复绝缘性能。

1.2.4　电气设备的绝缘特性

绝缘的作用就是将电位不等的导体分隔开，使导体没有电气的连接，从而能保持不同的电位，所以绝缘是电气设备结构中的重要组成部分。电力系统中的事故很大一部分就是由于设备绝缘破坏所造成。因此，掌握电气设备的绝缘知识十分重要。

电气设备的绝缘必须满足以下几方面的基本要求：①电气性能；②机械性能；③热稳定性能；④化学稳定性能。

1.3　电气试验基础理论

1.3.1　电气试验的意义

电气设备必须在长期运行中保持高度的可靠性，为此必须对设备按设计的规格进行各种试验。通过试验，掌握电气设备绝缘的情况，可保证产品质量或及早发现其缺陷，从而进行相应的维护与检修，以保证设备的正常运行，降低发生事故的概率。

1.3.2　电气试验的分类

电气试验可分为特性试验和绝缘试验两大类。

（1）特性试验，主要是对电气设备的电气或机械方面的某些特性进行测试，从而判断设备性能有无缺陷。

（2）绝缘试验，一般可分为非破坏性试验和破坏性试验两种。非破坏性试验，是指在较低的电压下或是用其他不会损伤绝缘的办法来测量设备绝缘的各种特性，进而判断设备绝缘状况。该类试验针对隐患和缺陷问题有一定的作用和效果，但由于试验电压较低，所以发现缺陷的灵敏性不是很高。例如绝缘电阻试验、介质损耗因数试验、泄漏电流试验等。破坏性试验，是在较高的电压下对设备绝缘进行测量，进而判断设备绝缘状况，例如交流耐压试验、直流耐压试验。该类试验能有效发现危险性较大的绝缘缺陷及隐患，但由于试验电压较高，会对设备绝缘造成一定的损伤。因此，破坏性试验必须在非破坏性试验合格之后进行，以免对绝缘造成无辜损伤甚至击穿。

1.3.3　高电压试验理论

1.3.3.1　绝缘电阻试验

在任何一种绝缘体上施加一定的电压，都会有微弱的电流通过。施加的电压与流过的电流之比即为该绝缘体的绝缘电阻。

1. 绝缘电阻试验的目的

测量绝缘电阻是一项最简单而又最常用的试验方法，通常用兆欧表（也称绝缘电阻表，俗称摇表）进行测量。根据测得的试品载 1min 时的绝缘电阻的大小，可以检测出绝缘是否有贯通的集中性缺陷、整体受潮或者贯通性受潮。例如，电力变压器的绝缘整体受潮后其绝缘电阻明显下降，可以用兆欧表检测出来。

应当注意，只有当绝缘缺陷贯通于两极之间时，测量其绝缘电阻才会有明显的变化，即通过测量才能灵敏地检出缺陷。若绝缘只有局部缺陷，而两极间仍保持有部分良好绝缘时，绝缘电阻降低很少，甚至不会发生变化，因此绝缘电阻对局部缺陷的反应不够灵敏。

2. 测量绝缘电阻的原理

通过测量绝缘电阻为什么能发现上述缺陷？在测量中为什么又读取 1min 的绝缘电阻值？针对这些问题，需要从绝缘介质在直流电压下形成的电流特性展开分析。

绝缘介质在直流电压的作用下会产生极化、电导等物理过程。

如图 1-6（a）所示为电力设备绝缘在直流电压作用下的电路图。由图 1-6 可见，在实际的电介质上施加一定直流电压后，会形成一随时间衰减的电流，如图 1-6（b）中曲线 i 所示。该电流由 3 部分组成，分别是：

（1）充电电流。主要由电子式极化、离子式极化形成，也称为电容电流。由于这两种极化过程极为短暂，可以看成是瞬间完成的，因此电容电流在加直流电压后很快就衰减为零，如图 1-6（b）中曲线 i_1 所示。其电流回路在等值电路中用一个纯电容 C_1 表示，如图 1-6（a）所示。

（2）吸收电流。绝缘介质中的偶极子，在直流电压作用下会发生转动，即发生偶极子极化，形成电流；另外，如果绝缘是由不同材料复合而成，或者绝缘材料是不均匀的，那么在不同绝缘材料或不均匀材料的交界面上还会产生夹层式极化，形成电流。由偶极子极化和夹层式极化形成的电流叫吸收电流。吸收电流随时间的增加而衰减。由于偶极子极化的过程较长，夹层式极化的过程更长，所以吸收电流比电容电流衰减的慢得多，如图 1-6（b）中曲线 i_2 所示。在等值电容用一个电容 C_2 和电阻 R_2 串联表示，如图 1-6（a）所示。

（3）泄漏电流。绝缘介质中存在极少数的带电质子（主要为离子），在电场作用下发生定向移动，形成电流，这部分电流叫电导电流，又叫泄漏电流，它在加压以后很快就趋于恒定，如图 1-6（b）中曲线 i_3 所示。在等值电路中用一个纯电阻 R_3 表示，如图 1-6（a）所示。

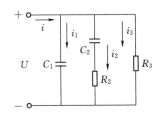

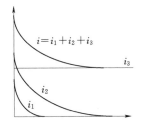

（a）绝缘介质的等值电路　　　（b）直流电压下通过绝缘介质的电流

图 1-6　直流电压下绝缘介质中电流的构成

绝缘电阻 R_3 就是施加于试品上的直流电压 U 与流过试品的电流 i_3 之比，即

$$R_3 = U/i_3$$

对于大容量试品（如变压器、发电机、电缆等），电流 i_3 随时间衰减较慢，尤其是吸收电流 i_2 随时间衰减较慢。所以通常要求在加压 1min（或 10min）后，读取绝缘电阻表指示的值，作为被试品的绝缘电阻值。另外对于大容量试品，还要求测量吸收比和极化指数。

吸收比是指 60s 和 15s 时绝缘电阻的比值，用 K 表示，即

$$K = R_{60s}/R_{15s}$$

需要指出，吸收比试验仅适用于电容量较大的设备（如变压器、发电机、电缆等），对其他电容量小的设备，因吸收现象不明显，故无实用价值。绝缘良好时吸收比应大于 1.3。绝缘受潮后吸收比值降低，因此它是判断绝缘是否受潮的一个重要指标。有时绝缘具有较明显的缺陷（如绝缘在高压下击穿），吸收比值仍然较好，所以，吸收比不能用来发现发潮、脏污意外的其他局部绝缘缺陷。

对于吸收过程较长的大容量设备（如变压器、发电机、电缆等），有时用吸收比尚不足以反映绝缘介质的电流吸收全过程，为更好地判断绝缘是否受潮，可采用 10min 和 1min 时绝缘电阻的比值进行衡量，称为绝缘的极化指数，用 P 表示，即

$$P = R_{10min}/R_{1min}$$

极化指数测量加压时间较长，其值与温度无关。根据规程规定，极化指数一般不小于 1.5。

1.3.3.2 直流泄漏试验

直流泄漏试验是指在一定的直流试验电压范围内，对绝缘施加不同数值的直流电压，并测量通过绝缘的相应泄漏电流，由电流的大小及电流与电压的关系曲线，就可以分析和判断绝缘的性能。

1. 直流泄漏试验的特点

测量泄漏电流与测量绝缘电阻能够检出缺陷的性质大致相同，但直流泄漏试验具有以下特点：

（1）直流泄漏试验中所用的电源一般均由高压整流设备供给，试验数值比绝缘电阻表的高，并可以随意调节，使绝缘本身的弱点更容易显示出来。

（2）直流泄漏试验是用微安表来指示泄漏电流值，灵敏度高，度数比绝缘电阻表精确。

（3）根据泄漏电流测量值可以换算出绝缘电阻值，但用绝缘电阻表测出的绝缘电阻值，一般不能换算出泄漏电流值。这是因为根据绝缘电阻表的特性，绝缘电阻表输出的端电压与被试品绝缘电阻值大小有关，不一定就是绝缘电阻表铭牌标准电压。

（4）直流泄漏试验可以绘制出泄漏电流与加压时间的关系曲线和泄漏电流与所加电压的关系曲线，通过这些曲线可以判断绝缘状况，如图 1-7 所示。

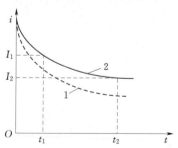

图 1-7 泄漏电流与加压时间的关系曲线
1—良好；2—受潮或有缺陷

2. 测量直流泄漏的原理

当直流电压加于被试品时，其充电电流随时间的增长而逐渐衰减至零，而电导电流则保持不变。故微安表在加压一定时间后其指示数值趋于稳定，此时读取的数值则等于或近似等于电导电流，即泄漏电流。

对于良好的绝缘，其电导电流与外加电压的关系曲线应为一直线。但是实际上的电导电流与外加电压的关系曲线仅在一定的电压范围内才是近似直线，如图 1-8 中的 OA 段。若超过此范围后，离子活动加剧，此时电流的增加要比电压增长快得多，如 AB 段，到 B点后，如果电压继续再增加，则电流将急剧增长，产生更多的损耗，以至绝缘被破坏，发生击穿。

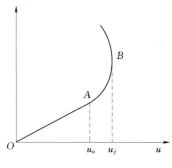

图 1-8　绝缘的伏安特性

在预防性试验中，测量直流泄漏电流时所加的电压大都在 A 点以下，故对良好的绝缘，其伏安特性 $i=f(u)$ 应近似于直线。当绝缘有缺陷（局部或全部）或受潮的现象存在时，则电导电流急剧增长，使其伏安特性曲线不为直线。因此可以通过直流泄漏试验来分析绝缘是否有缺陷或是否受潮。在揭示局部缺陷上，泄漏电流测试更有其特殊意义。

1.3.3.3　介质损耗因数测量试验

当研究绝缘物质在电场作用下所发生的物理现象时，把绝缘物质称为电介质。介质在电压作用下有能量损耗，简称介质损耗。

在交流电压的作用下，流过介质的电流由无功电流 I_C 和有功电流 I_R 两部分组成，两者之间的角度 δ 称为介质损耗角，对其进行正切值换算所得的值就称为介质损耗因数，在一定的电压下，$\tan\delta$ 的大小反映了介质损耗的大小。

1. 介质损耗因数测量的目的

测量介质损耗因数是一项灵敏度很高的试验项目，它可以反映设备绝缘的整体受潮、劣化变质以及小体积被试设备贯通和未贯通的局部缺陷，是反映设备绝缘介质电性能的一项重要指标。

2. 测量介质损耗因数的原理

由介质损耗的基本概念可知，一个由两部分介质并联组成的绝缘，其整体的损耗功率为两部分损耗功率之和，即

$$\omega C U^2 \tan\delta = \omega C_1 U^2 \tan\delta_1 + \omega C_2 U^2 \tan\delta_2$$

所以　　　　　　　　　$$\tan\delta = (C_1 \tan\delta_1 + C_2 \tan\delta_2)/(C_1 + C_2)$$

$C_2/(C_1+C_2)$ 越小，则 C_2 中的缺陷在测整体 $\tan\delta$ 时越难发现。故对于可以分解为各个绝缘部分的被试品，常用分解进行 $\tan\delta$ 测量的方法。

1.3.3.4　工频交流耐压试验

工频交流耐压试验是对电气设备绝缘施加高出其额定工作电压一定值的工频试验电压（波形应接近正弦），并持续一定的时间（一般为 1min），观察绝缘是否发生击穿或其他异常情况。

1. 试验目的

由于分层介质在交、直流电压下的电压分布是不相同的，交流电压是按介质的电容成反比分布，直流电压是按介质的电阻成正比分布。因此，交流耐压试验符合设备绝缘实际运行情况，能更有效地发现绝缘缺陷。

2. 试验特点

交流耐压试验有一重要的缺点，即对于固体有机绝缘，在较高的交流电压作用时，会使绝缘中的一些缺陷更加明显（而在耐压试验中还未导致击穿），这样交流耐压试验本身会引起绝缘内部的累积效应（每次试验对绝缘所造成的损伤迭加起来的效应）。因此，恰当地确定试验电压值是一个重要问题。所施加的试验电压，一方面要求能有效地发现绝缘中的缺陷，另一方面又要避免试验电压过高而引起绝缘内部的损伤。

第2章 电气专项试验

2.1 绝缘电阻测试

绝缘电阻测量是属于非破坏性的绝缘性能试验范畴，是电气试验项目中最基本和最常规的试验内容，通过绝缘电阻的测量，能发现电气设备绝缘的局部或整体受潮、裂化和老化等整体性或贯通性缺陷。绝缘电阻测量的方法是在电气设备两端施加一个直流电压，在这个直流电压作用下，在电气设备中产生一个电流，通过电流与电压的关系计算出每个时间段电阻，得出电阻与时间的关系曲线，得到电气设备的吸收和极化过程，绝缘电阻测试仪就是电力设备绝缘电阻测量的专用仪表。

2.1.1 分类

1. 按电源形式分类

（1）发电机型。该分类采用通过手摇发电机发电来获取绝缘电阻测量电源的方式。

（2）整流电源型。该分类采用交流电源通过整流电路对电池供电后来获取绝缘电阻测量电源的方式。

2. 按信息加工形式分类

（1）模拟——指针式指示仪表。获取与试品绝缘电阻有函数关系的模拟量，直接或经过电路放大后，送入机械指针式测量机构。指示仪表的指针偏转角与该模拟量成正比，度盘则可按绝缘电阻值刻度。

（2）模数转换——数码显示。获取的模拟量转换为数码，经数据处理，以数字形式显示绝缘电阻值。

2.1.2 工作原理

1. 模拟式绝缘电阻测试仪（兆欧表）的工作原理

最常见的模拟式绝缘电阻测试仪（兆欧表）是由电压较高的手摇发电机、磁电系流比计及适当的测量电路组成的。因为测量大电阻需要较高的电压，所以兆欧表中的电源用手摇发电机，其电压一般为500V或1000V，最高可达2500V。由于发电机是手摇的，电压不稳定，所以测量机构采用流比计结构，以避免电压不稳定的影响，如图2-1所示。

2. 数字式绝缘电阻测试仪工作原理

数字式绝缘电阻测试仪和磁电系微安表作指示并配以整流电源而构成的绝缘电阻测试仪均采用电流电压法测量原理。电流电压法的原理接线（图2-2）是在一个直流测试电源上串接被试品和标准采样电阻，通过L和E端子组成单支路闭合回路，用以测量试品在试验电压 E_s 下呈现的电流，从而计算出试品的绝缘电阻值。

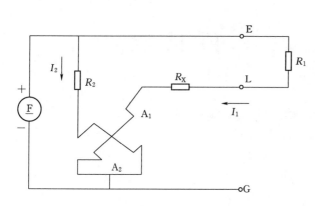

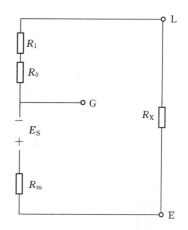

图2-1 模拟绝缘电阻测试仪（摇表）工作原理图
A_1—电流线圈；A_2—电压线圈；R_1—电流线圈附加电阻；
R_2—电压线圈附加电阻；R_X—试品绝缘电阻；
L—负高压输出端；E—正高压输出端；
G—屏蔽端；F—手摇直流发电机

图2-2 电流电压法测量原理图
R_i—电源的等效电阻；R_0—采样电阻；
R_m—测量回路附加电阻；R_X—试品
绝缘电阻；E_S—测试电源；L—负
高压（线路端）输出端；E—正高压
（接地端）输出端；G—屏蔽端

由图2-2可见，绝缘电阻测试仪的测量结构方式：测试电源负高压端接G端（屏蔽端），在G与L端之间接测量采样组件，L端子为负高压输出端（通常称为线路端），屏蔽端G端接近负高电位，E端为测试电源正高压输出端（通常称为接地端）。绝缘电阻测试仪均采用负极性测试接线方式。

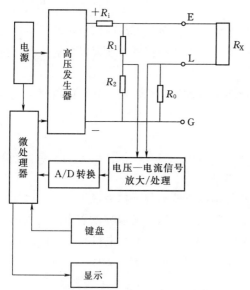

图2-3 智能绝缘电阻测试仪工作原理
R_i—电源的等效电阻；R_1、R_2—高压分压器电阻；
R_0—电流采样电阻；R_X—试品绝缘电阻；
L—负高压（线路端）输出端；E—正
高压（接地端）输出端；G—屏蔽端

3. 智能型绝缘电阻测试仪工作原理

随着电子科学的发展，许多制造厂的绝缘电阻测试仪在工作原理基础上，加入了微处理机技术，对绝缘电阻测试仪进行了改革，生产出智能型绝缘电阻测试仪，它将绝缘电阻、吸收比、极化指数的测量工作全部交给微处理机完成，测试结束它显示绝缘电阻值、吸收比测量值、极化指数测量值，同时将设置好的每个时间段的绝缘电阻进行记录储存。智能型绝缘电阻测试仪工作原理如图2-3所示。

2.1.3 影响绝缘电阻测量的因素

影响绝缘电阻测量的因素主要如下：

（1）湿度。当空气相对湿度增大时，试品表面泄漏电流增大，水汽侵入绝缘介质，将使介质的电导率增大，使绝缘电阻降低。

（2）温度。吸湿性强的绝缘介质，其绝

缘电阻对温度相当敏感，绝缘电阻的温度系数随绝缘体的种类以及绝缘结构的差异而不同。温度升高时，加速了电介质内部离子的运动，绝缘介质中的极化加剧，电导增加，水分粒子使电介质电导增大，水分中溶解的杂质和盐类及酸性物质，也会使电导增加，从而降低了绝缘电阻。

（3）表面脏污。试品表面脏污、油渍、盐雾等会使其表面泄漏电流增大，表面绝缘下降，形成对试品绝缘电阻的旁路，导致试品绝缘电阻下降。

（4）剩余电荷。容性设备上存在剩余电荷或残存初始极化时，会在测量中出现明显被歪曲的测试数据。试品电容放电电流与试品充电电流规律相近，每次测量结束，将试品端钮短路或通过放电电阻放电，试品的电容电流很快衰减，之后放电电流的变化规律与吸收电流完全相同，如果放电时间短，极化现象未完全消退，介质极化吸收的电荷会逐步允许到介质表面，导致试品在测量端钮呈现电压重新抬升。当再次测量时，由于剩余电荷未放尽，试品的电容充电电流和吸收电流都将小于前次测量值，导致绝缘电阻增大、起始电阻值变化相对剧烈随后趋缓、吸收比增大而极化指数减小等虚假现象。

（5）仪器。绝缘试验用的绝缘电阻测试仪品质不同，会给测量结果带来较大的测量误差。在绝缘试验时电容电流的时间常数与绝缘电阻测试仪内部测量回路电阻（图 2 - 2）$R_s = R_i + R_o + R_m$ 有关，试验电压等级不同，R_s 也不相同，则电容充电状态不同，设备内部的介质极化强度也不相同，这就将直接影响视在绝缘电阻值、吸收比、极化指数的测量值；因此，均要求绝缘电阻测试仪的内阻 R_s 尽可能小，使绝缘电阻测试仪有较强的测试能力，试验电压在被试设备上能很快达到或接近试验电压额定值。所以绝缘电阻测量准确度与测量仪表的测量容量密切相关。

2.1.4 现场使用注意事项

现场使用注意事项主要如下：

（1）在试验环境湿度大于 80% 时，测量时必须加屏蔽。

（2）用手摇式绝缘电阻表测量时，测量前要先检查手摇式绝缘电阻表是否良好。检查的方法是：使手摇式绝缘电阻表的接线端钮开路，摇动手摇发电机的手柄到额定转速，指针应指在"∞"；将手摇式绝缘电阻表的接线端钮短接，缓慢摇动手柄，指针应指在"0"（必须缓慢摇动，以免因电流过大而烧坏线圈）。如果指针不指在"∞"或"0"，则必须检修后才能使用。

（3）测量绝缘电阻时，发电机的手柄应由慢渐快地摇动。如发现指针指零，说明被测绝缘物有短接现象，就不能再继续摇动，以防表内动圈因过热而损坏。如指针指示正常，则应使发电机的转速达额定值，并保持恒定或在规定的允许偏差范围内，不要忽快忽慢。

（4）采用模拟绝缘电阻测试仪测量时，应先开电源将电压升至额定值后，再将测试线与试品相连；测试结束后，应先将测试线脱离试品后，再将电源关闭。

（5）采用数字式绝缘电阻测试仪测量时，应先将测试线与试品相连接，再开电源将电压升至额定值进行测量；结束时先将电源关闭，再将测试线脱离试品。

（6）正确选择绝缘电阻测试仪的容量与试品容量关系。前面已经讲过绝缘电阻测试仪的内阻和短路电流与绝缘电阻的测量结果有着密切的关系，所以，在现场实际使用中应按试品的电压等级和试品电容量来选择容量合理的绝缘电阻测试仪。

（7）在强干扰的试验场地，要先对试品高压侧挂临时接地线，然后接仪器测试线，开始测量时再取下临时接地线。测试结束，关闭测试电源后，先挂临时接地线，再拆除仪器测试线。

（8）绝缘电阻测试前后，必须对试品进行放电接地。

（9）测量绝缘时，必须将被测设备从各方面断开，验明无电压，确实证明设备无人工作后，方可进行测量。在测量中禁止他人接近设备。

（10）雷电时，严禁测量线路绝缘电阻。

（11）试验间断和结束时，必须先对被试品放电接地后才能拆除高压引线，并经多次放电后接地，再改线或拆线。

2.1.5 现场实际操作

绝缘电阻测试的操作步骤（以数字式为例）主要有 3 个方面。

1. 准备工作

（1）试验人员在试验区域设置安全围栏，并向外悬挂"止步，高压危险"标示牌，试验区域的面积应能满足高压试验的安全要求。

（2）准备好合适的绝缘电阻测试仪及测试线等。

（3）对被试品放电，并将非被试侧短路接地。

（4）用专用测试线连接仪器与被试品。

（5）连接电源盘与动力电源箱的连线（采用交流供电时才使用）。

（6）试验负责人检查试验接线，确认正确无误，试验负责人下令"非试验人员撤离试验现场，试验人员各就各位。检查仪器是否正常"。

（7）试验操作人员确认仪器正常后回复"仪器正常"。

2. 开始试验

（1）试验负责人在确认测试仪工作正常后，对试验操作人员下令"开始试验"。

（2）试验操作人员解开试品被试侧接地。

（3）选择合适的测试电压和测试电流，开始测量绕组的绝缘电阻、吸收比或极化指数（在实际使用中按仪器说明书的要求进行操作）。

（4）记录试验数据。

（5）测试结束，断开高压。

（6）用放电棒对被试侧放电，并挂上接地线。等充分放电后，汇报试验负责人"放电结束，接地线已挂上。"

（7）其他侧绝缘电阻的测量方法相同。

3. 试验结束

（1）试验负责人确认试验数据准确无误，下令"试验结束，拆除试验接线"。

（2）试验操作人员拆除测试仪与被试品的连线。

（3）拆除连接电源盘与动力电源箱的连线（采用交流供电时才使用）。

（4）拆除所有试验临时接线，将被试品恢复到试验前状态。

（5）拆除试验安全围栏，清理试验现场，做到"工完料尽场地清"。

2.1.6 使用过程中的异常情况处理

使用过程中的异常情况处理主要如下：

（1）无法开机。仪器内部的蓄电池电量耗尽；应使用外接交流电对其进行充电并可同时测试。

（2）电池缺电报警。电池急需充电，此时如不充电，仪器会自动关闭。

（3）黑屏。液晶显示屏损坏或由于太阳光长时间暴晒；返厂维修或将绝缘电阻测试仪放置阴凉处一段时间后再开机。

2.2 直 流 泄 漏 试 验

避雷器是用于保护电气设备免受高瞬态过电压危害并限制续流时间也常限制续流赋值的一种电器。交流无间隙金属氧化物避雷器用于保护交流输变电设备的绝缘，免受雷电过电压和操作过电压损害。适用于变压器、输电线路、配电屏、开关柜、电力计量箱、真空开关、并联补偿电容器、旋转电机及半导体器件等过电压保护。交流无间隙金属氧化物避雷器具有优异的非线性伏安特性，响应特性好、无续流、通流容量大、残压低、抑制过电压能力强、耐污秽、抗老化、不受海拔约束、结构简单、无间隙、密封严、寿命长等特点，在正常系统工作电压下，呈现高电阻状态，仅有微安级电流通过。在过电压大电流作用下便呈现低电阻，从而限制了避雷器两端的残压。本节以目前全国电力行业使用较为频繁的无间隙氧化锌避雷器为例，讲述避雷器试验的原理、操作步骤及注意事项。

2.2.1 试验原理

2.2.1.1 直流泄漏试验装置的组成

直流泄漏试验装置由 5 个部分组成。

（1）直流高压发生器部分，包括主机和倍压筒。

（2）分压器部分。

（3）计量表记部分。

（4）接地回路部分。

（5）放电技术器测量装置部分。

2.2.1.2 直流 1mA 下的电压 U_{1mA} 及 $0.75U_{1mA}$ 下漏电流的测量

直流 1mA 下的电压 U_{1mA} 及 $0.75U_{1mA}$ 下漏电流的试验接线与一般直流泄漏试验接线相同，如图 2-4 所示。试验设备可采用市售的成套直流高电压试验器。也可采用自行搭建的直流高电压试验器。此时直流高电压试验器的整流回路中应加滤波电容器 C，其电容量为 $0.01\sim0.1\mu F$。

直流 1mA 下的电压 U_{1mA} 为无间隙金属氧化物避雷器通过 1mA 直流电流时，被试品两端的电压值。$0.75U_{1mA}$ 电压下的漏电流，为试品两端施加 75% 的 U_{1mA} 电压，测量流过避雷器的直流漏电流。U_{1mA} 和 $0.75U_{1mA}$ 下泄漏电流是判断无间隙金属氧化物避雷器质量

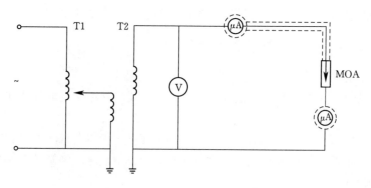

图 2-4　泄露电流试验原理接线图

状况的两个重要参数，运行一定时期后，U_{1mA} 和 $0.75U_{1mA}$ 下泄漏电流的变化能直接反映避雷器的老化、变质程度。特别是对采用大面积金属氧化物电阻片组装的避雷器和多柱金属氧化物电阻片并联的避雷器，用此方法很容易判断它们的质量缺陷。

U_{1mA} 值应符合规定，并且与初始值或与制造厂给定值相比较，对于 35kV 及以下中性点非直接接地的避雷器或采用面积为 20cm² 及以下规格金属氧化物电阻片组装的避雷器，变化率应不大于 ±5%；对于 35～220kV 中性点直接接地的避雷器或采用面积为 25～45cm² 规格金属氧化物电阻片组装的避雷器，变化率应不大于 ±10%；对于 220kV 以上中性点直接接地的避雷器和多柱金属氧化物电阻片并联的避雷器或采用面积为 50cm² 及以上规格金属氧化物电阻片组装的避雷器，变化率应不大于 ±20%。

$0.75U_{1mA}$ 下的漏电流值与初始值或与制造厂给定值相比较，变化量增加应不大于 2 倍，且泄漏电流值应不大于 50μA。对于多柱并联和额定电压 216kV 以上的避雷器，漏电流值应不大于制造厂标准的规定值。测量 $0.75U_{1mA}$ 下漏电流时的 U_{1mA} 电压值应选用 U_{1mA} 初始值或制造厂给定的 U_{1mA} 值。

避雷器的 U_{1mA} 值和 $0.75U_{1mA}$ 的泄漏电流值两项指标中有一项超过上述要求时，应查明原因，若确系老化造成的，宜退出运行。但当这两项指标同时超过上述要求时，应立刻退出运行。

测量 U_{1mA} 值和 $0.75U_{1mA}$ 下的泄漏电流值时，宜使用专用的成套装置。使用专用的成套装置测量时，宜在被试品下端与接地网之间（此时被试品的下端应与接地网绝缘）串联一只带屏蔽引线的电流表，电流表精度应高于成套装置上的仪表，当两只电流表的指示数值不同时，应以外部串联的电流表读数为准。测量系统应经过校验，测量误差不应大于 2%。测量 $0.75U_{1mA}$ 下漏电流的微安表，其准确度宜不大于 1.5 级。

测量 U_{1mA} 值和 $0.75U_{1mA}$ 下的漏电流值所用设备的直流电压纹波因数必须满足标准规定。由于目前使用的直流电压发生器都是通过整流后将交流电压变成直流电压，因此使用时，应采取一定措施，避免附近的交流电源及直流离子流产生的干扰，影响对所测避雷器质量情况的判断。现场实践表明，在局部停电条件下测试避雷器时，除了所用仪器应有较强的抗干扰性能和应使用比较粗的连接导线外，还应将被试避雷器的高压端用屏蔽环罩住或采取屏蔽措施。必要时，在靠近被试避雷器接地的部位也应加屏蔽环或采取屏蔽措施，将避雷器的外套杂散电流屏蔽掉。天气潮湿时，可用加屏蔽环的方法防止避雷器绝缘外套表面受潮影响测量结果。

2.2.1.3 避雷器放电计数器的测试原理

带泄漏电流监测功能的避雷器放电计数器的测试原理如图 2-5 所示，当金属氧化物避雷器内部严重受潮时，避雷器的漏电流与初始值相比，可增至两倍及以上，并且增加的趋势会越来越快，因此这种仪器能够有效地检测出避雷器内部严重受潮的情况。但是该仪器反映的漏电流值是避雷器的全电流，而避雷器的全电流是阻性电流分量和容性电流分量的矢量和。在正常情况下避雷器容性电流分量大、阻性电流分量小，但劣化情况下避雷器的阻性电流分量变大后、容性电流分量却变小，此时避雷器阻性电流分量和容性电流分量矢量相加的结果，使得该仪器所显示的避雷器劣化后的全电流变化并不明显。现场实践表明，当避雷器发生严重劣化导致阻性电流明显上升时，该仪器所测出的避雷器漏电流值却经常处于正常范围内，易造成误判。因此不应使用这种仪器监测运行中的避雷器劣化情况。

2.2.2 影响测试的因素

直流泄漏试验测试时易受到以下影响：
（1）环境因素的影响，包括温度、湿度。
（2）电磁场的干扰。
（3）接地系统的干扰。
（4）被试品表面脏污的干扰。
（5）试验接线、线径、角度、表面电晕等的干扰。

2.2.3 试验现场使用注意事项

1. 准备工作

准备工作主要如下：

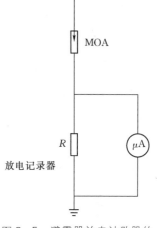

图 2-5 避雷器放电计数器的测试原理图

（1）试验人员在试验区域设置安全围栏，并向外悬挂
"止步，高压危险"标示牌，试验区域的面积应能满足高压试验的安全要求。
（2）准备好合适的试验仪器、测量仪器及测试线等。
（3）试验人员对被试品放电接地，将高压测试线与被试品连接，并接地。
（4）用专用线将发生器倍压桶与控制器连接，并将高压微安表与发生器倍压桶连接。
（5）用千伏表专用电缆将高压分压器与千伏表连接。
（6）用接地线在被试品接地端引出，将直流高压发生器倍压桶、控制器、高压分压器、千伏表的接地端相连；接地线应采用 4mm² 及以上的多股裸铜线或外覆透明绝缘层的铜质软绞线。
（7）连接电源盘与动力电源箱的连线。
（8）用高压引线将直流高压发生器和千伏表高压部分相连，并挂上接地线。

2. 可靠性确认

可靠性确认主要如下：

（1）试验负责人检查试验接线，确认正确无误，试验负责人下令"非试验人员撤离试验现场，试验人员各就各位"。

（2）试验操作人员将千伏表的电源线与电源相连，打开电源确认千伏表显示正常；将直流高压发生器控制器的电源线与电源连接，打开电源确认直流高压发生器控制器显示正常，汇报工作负责人"仪器、仪表正常，可以升压"。

（3）试验负责人在确认仪器仪表显示正常后，对试验操作人员下令"电压空升至实际试验电压"。

（4）试验操作人员操作调压旋钮，将电压升至实际试验电压后确认仪器、仪表工作正常，汇报工作负责人"试验装置正常工作"，试验负责人在确认后，下令"电压回零，切断电源"，试验操作人员操作调压旋钮降压至零切断高压，断开仪器电源。试验操作人员汇报工作负责人"电压已回零，电源已断开"，试验负责人下令"放电！接地"。

（5）用放电棒对倍压桶和分压器高压侧进行放电，并挂上接地线。

3. 被试品结清及试验仪器的正确摆放

被试品结清及试验仪器的正确摆放主要如下：

（1）用丙酮擦拭被试品，保持表面清洁，防止脏污引起的泄漏电流影响试验结果。

（2）保持被试品引线和直流高压发生器的角度大于 60°，防止杂散电容引起的泄漏电流计入试验中。

2.2.4 现场实际操作

以氧化锌避雷器泄漏电流试验为例做介绍，主要使用发生器型号为 ASTII—100。

1. 开始试验

（1）试验负责人检查试验接线，确认正确无误。试验负责人下令"非试验人员撤离试验现场，试验人员各就各位"。

（2）试验负责人下令"解除接地线"。试验人员取下接地线，汇报试验负责人"接地线已拆除，可以试验"。试验负责人下令"试验开始"。试验操作人员复合"开始试验"。试验负责人下令"合闸！加压"。试验操作人员合上电源闸刀及仪器电源开关，启动高压，通知所有试验人员"注意！开始加压"。

（3）试验操作人员开始升压，观察电流表的指示情况。当电流为 1mA 时，停止升压并记录 1mA 电流时的电压值。

（4）试验操作人员将电压降至 1mA 电流时电压值的 75%，读取电流值，记录试验数据。

（5）试验操作人员开始降压至零，切断高压，断开仪器电源，汇报试验负责人"电压已回零，电源已断开"，试验负责人下令"放电！接地"。

（6）用放电棒进行放电，放电时先放倍压桶侧再放试品侧，并挂上接地线。等充分放电后，汇报试验负责人"放电结束，接地线已挂上"。

2. 试验结束

（1）试验负责人确认安全措施已做好，下令"试验结束，拆除试验接线"。

（2）先拆除操作箱、千伏表与电源的连线。

（3）再拆除倍压桶与操作箱的连线，拆除千伏表与分压器的连线。

（4）拆除与被试品的连线，拆除高压微安表与倍压桶的连线，拆除倍压桶和分压器的连线。

（5）拆除连接电源盘与动力电源箱的连线。

（6）拆除所有试验临时接线，将被试品恢复到试验前状态。

（7）拆除试验安全围栏，清理试验现场，做到"工完料尽场地清"。

2.2.5 常见问题及处理

现场工作中往往会出现 $75\%U_{1mA}$ 电压下的泄漏电流大于 $50\mu A$，那是因为现场受到电晕电流、杂散电容和表面潮湿污秽的影响。处理方法主要如下：

（1）用丙酮擦拭被试验品表面，去除污秽。

（2）从微安表到避雷器的引线需加屏蔽，分压器高压侧应接在微安表的电源侧，读数时注意安全。

（3）如避雷器的接地端可以断开时，微安表可接在避雷器的接地端，应注意避雷器避免潮湿。

（4）必要时可考虑加装屏蔽环或采用屏蔽法。

2.3 介 质 损 耗 测 试

电力系统的发电、输变电与配电过程中，大量使用发电机、变压器、高压开关、互感器、高压电缆、高压套管等电力设备，这些设备在运行中长期承受高电压的作用，它们绝缘状态的好坏，直接影响电力系统的安全运行。这类设备大量采用油纸绝缘和电容型绝缘，当绝缘中的纸纤维吸收水分以后，纤维中的 β 氢氧根之间相互作用力变弱，材料导电性能增加，机械性能变坏，导致绝缘性能逐渐被破坏，所以相关部门制定了一系列的试验规程和试验方法，尽可能将事故消灭在萌芽状态。

在这些试验规程和试验方法中，很重要而且很有效的试验方法就是电气绝缘的介质损耗因数和电容量测量。在进行电气设备绝缘的介质损耗因数和电容量测量过程中，当绝缘的介质损耗因数有明显增加时，说明该电气设备的绝缘已被水分侵袭开始受潮；当该电气设备绝缘的电容量有明显增加时，说明该设备内部的电容屏已发生了局部击穿或短路现象。

目前完成对电气设备绝缘的介质损耗因数和电容量测量工作所使用的仪器是：介质损耗测试仪。本节内容主要介绍关于介质损耗测试仪的分类、工作原理、技术要求、使用注意事项。

2.3.1 分类

介质损耗测试仪共分为三大类，具体如下：

（1）西林电桥。按屏蔽电位方式分为：①未带屏蔽电位西林电桥 QS1；②带屏蔽电位西林电桥 QS37。按电桥平衡方式又分为平衡电桥和不平衡电桥。

（2）电流比较仪电桥。

（3）智能高压介质损耗测试仪。

2.3.2 工作原理

交流电桥是从直流电桥引申发展起来，所以从电桥的原理和名词术语均沿用了直流电桥；而介质损耗测试仪是交流电桥中的一个种类。图2-6为直流电桥的工作原理图。将

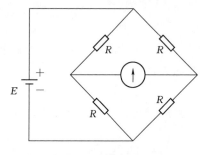

4个桥臂的电阻换成阻抗，用交流正弦波电源及交流指示器替换直流电源及检流计，就成为交流电桥（图2-7）。交流电桥的工作原理是：用差值测量法比较两个交流电压或两个阻抗的线路，它是由正弦波电源、指示器、比例器及进行比较的两个阻抗（或电压）组成的网络。调节比例器或内附标准器使指示器示值为零，则被比较的阻抗间存在一个可计算的关系，而与电源的电压幅值无关。由于我们所使用的介质损耗测试仪是交流电桥中的一个种类，所以介质损

图2-6　直流电桥工作原理图

耗测试仪的工作原理和交流电桥相同。

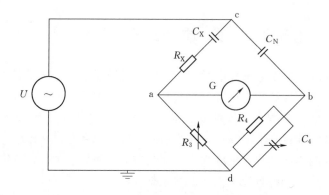

图2-7　交流电桥工作原理图

C_X—试品电容量；R_X—试品电阻值；C_N—标准电容器（有固定值，不随电压和环境变化而改变）；
R_3—电桥内部标准电阻臂（可调无感电阻）；R_4—电桥内部标准阻容臂中的标准电阻（固定电阻）；
C_4—电桥内部标准阻容臂中的标准电容（可调电容组）；G—电桥平衡检流计；U—交流电源

2.3.2.1 高压西林电桥

1. 高压西林电桥的组成

高压西林电桥是由交流阻抗器、转换开关、检流计、等电位屏蔽装置、高压标准电容器等组成。

2. 高压西林电桥的工作原理

高压西林电桥的工作原理是采用电位平衡原理。平衡过程见图2-7，当工作电源$\dot{U}$加在电桥c-d两顶点时电桥c-a-d和c-b-d两条支路将流过电流，在忽略流过检流计的电流时，电桥两顶点a和b的对地电压为

$$\dot{U}_a = \frac{R_3}{R_3 + \dfrac{1}{j\omega C_X} + R_X}\dot{U}$$

$$\dot{U}_0 = \frac{R_4}{1 + j\omega R_4 C_4} \cdot \frac{1}{\dfrac{R_4}{1 + j\omega R_4 C_4} + \dfrac{1}{j\omega C_N}}\dot{U}$$

按西林电桥平衡条件 $\dot{U}_a = \dot{U}_b$ 时

$$\frac{R_3}{R_3 + \dfrac{1}{j\omega C_X} + R_X}\dot{U} = \frac{R_4}{1 + j\omega R_4 C_4} \cdot \frac{1}{\dfrac{R_4}{1 + j\omega R_4 C_4} + \dfrac{1}{j\omega C_N}}\dot{U}$$

两边取倒数得

$$\frac{1}{j\omega R_3 C_X} + \frac{R_X}{R_3} = \frac{1}{j\omega R_4 C_N} + \frac{C_4}{C_N}$$

按复数相等实部、虚部分别相等的规定得到

$$R_X = \frac{C_4}{C_N}R_3 \qquad C_X = \frac{R_4}{R_3}C_N$$

从电桥平衡条件可知：当 C_N、R_4 为固定值时，只要改变电桥的 R_3、C_4 值，就可以使电桥达到平衡，并得到被试设备的电容值和电阻值。

任何设备由于介质电导和介质极化的滞后效应，在其内部会引起能量损耗，这就叫介质损耗。介质损耗的定义是为试品的有功损耗与无功损耗之比，即

$$介质损耗因数(\tan\delta) = \frac{被测试品的有功功率 P}{被测试品的无功功率 Q} \times 100\%$$

高压西林电桥测量介损的数学模型是建立在串联损耗的基础上，如图 2-7 所示，C_X 支路；串联电路中流入的**电流与流出电流相等**，所以有

有功功率 $P = I^2 R_X$**，无功功率** $Q = I^2 \dfrac{1}{\omega C_X} = \dfrac{I^2}{\omega C_X}$，

因此有：

$$\tan\delta = \frac{P}{Q} = \omega R_X C_X$$

将 R_X 和 C_X 代入介质损耗因数公式可知，西林电桥所测量的试品介质损耗就是 R_4 和 C_4 及试验角频率的乘积，即

$$\tan\delta = \omega R_4 C_4。$$

西林电桥的反接线功能，当被试品一端接地的情况下，按图 2-7 的接线方式是无法测得试品的介损值和电容量，这时要将图 2-7 中的接地线与电源的高压引线位置对换，这时 R_3 和 C_4、R_4 处在高电位，所以在进行反接线测量时要特别注意安全。

2.3.2.2 高压介质损耗测试仪

1. 高压介质损耗测试仪的组成

高压介质损耗测试仪是由标准交流电阻器、转换开关、计算机、采样系统、高压标准电容器等组成。

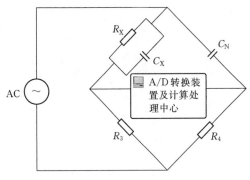

2. 高压介质损耗测试仪的工作原理

高压介质损耗测试仪的工作原理如图2-8所示，测试仪基本测量原理是基于传统西林电桥的原理上，测试仪测量系统通过标准侧 R_4 和被试侧 R_3 分别将流过标准电容器和被试品的正弦信号进行同步采样，经A/D转换装置测量得到两组数据，再经计算处理中心分析系统，分别得出标准侧和被试侧正弦信号的幅值、相位关系，从而计算出被试品的电容量及介损值。

图2-8 高压介质损耗测试仪的工作原理图

由于高压电力设备的损耗结构是由设备的材料对地电容和绝缘材料的对地电阻组成，基本是并联形式。所以，高压介质损耗测试仪的测量模型基本建立在并联模型上。

2.3.3 测试影响因素及处理方法

1. 电场干扰

由于被试设备周围不同相位（如A、B、C三相）的带电体与被试设备不同部位间存在电容耦合，这些不同部位的耦合电容电流（干扰电流）沿被试品和电桥测量回路（正、反、侧接线）流过，形成电场干扰。电场干扰示意图如图2-9所示。

干扰电流对介质损耗因素的影响相量图如图2-10所示。

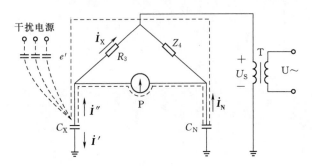

图2-9 电场干扰示意图

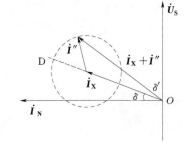

图2-10 干扰电流对介质损耗因素的影响相量图

消除方法如下：

（1）屏蔽法。在被试品上加装屏蔽罩（金属网或薄片），使干扰电流只经屏蔽，不经测量元件。该法适用于体积较小的设备，如套管、互感器等。屏蔽法消除干扰如图2-11所示。

（2）移相法。外界电场干扰对测量结果影响大小，与干扰电流和试验电流的相位差有关，而干扰电流的相位，与干扰电源有直接的关系。因此，可采用移相器改变试验电源相

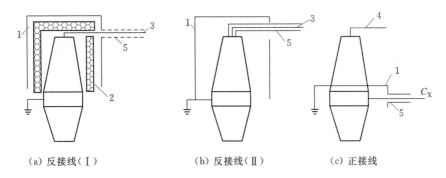

（a）反接线（Ⅰ）   （b）反接线（Ⅱ）   （c）正接线

图 2-11 屏蔽法消除干扰

1—屏蔽罩；2—绝缘层；3—至电桥的 C_X 端；4—电桥高压端；5—至电桥屏蔽端 E

位的方法，改变 I_X 和 I_g 之间的相位差，使其同相或反相，以消除介质损耗因数的误差。移相法消除干扰如图 2-12 所示。

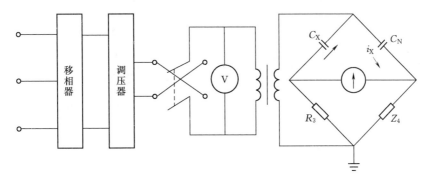

图 2-12 移相法消除干扰

（3）倒相法。轮流由 A、B、C 三相选取试验电源，且每相又在正、反两种极性下测出介损 $\tan\delta_1$ 和 $\tan\delta_2$。三相中选取 $\tan\delta_1$ 和 $\tan\delta_2$ 差值最小的一相，取平均值就得到被试品的 $\tan\delta$ 近似值，即

$$\tan\delta \approx \frac{\tan\delta_1 + \tan\delta_2}{2}$$

此时的测量误差为

$$\Delta\tan\delta = \frac{(C_1 + C_2)(\tan\delta_1 - \tan\delta_2)}{2(C_1 + C_2)}$$

（4）干扰补偿法。预先记录测试回路中的干扰电流信号，然后用矢量电压法对已补偿掉干扰电流的测试信号进行计算。该方法可有效地抑制那些相对稳定的工频干扰电流，基本满足现场使用的要求。

（5）异频测量法。采用专用的异频试验电源及高性能的选频滤波器，可彻底消除测试回路中工频干扰电流的影响，特别适合在工频电磁干扰强烈，且不稳定的复杂测试环境中使用。

2. 磁场干扰

干扰磁场大多由使用大电流母线、电抗器、阻波器等漏磁较大的设备时产生。在外界干扰磁场的作用下，组成电桥内的各个回路都可能产生感应电动势。但主要的干扰是在干扰磁场作用下检流计线圈所产生的感应电动势，或直接作用于检流计磁铁上而引起的测量误差。消除方法如下：

（1）可移动电桥位置使之远离干扰源。

（2）将桥体就地转动改变角度，找到干扰最小的方位。

3. 被试品表面泄露的影响

消除方法采用屏蔽环，即用软裸线紧贴在被试品表面缠绕成屏蔽环，并与电桥的屏蔽连接，使表面泄露电流不经桥臂直接引回电源或由电源供给，如图 2-13 所示。

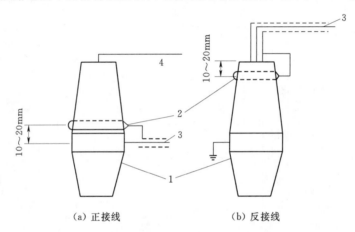

（a）正接线　　　　　　　　（b）反接线

图 2-13　用屏蔽消除表面泄露的影响示意图

1—被试套管；2—屏蔽环；3—至电桥的 C_X 端；4—至电桥高压端

4. 温度的影响

$\tan\delta$ 与温度的关系曲线示意图如图 2-14 所示。

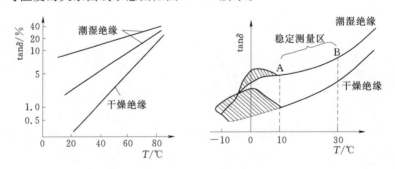

（a）变压器绝缘的 $\tan\delta$ 值与温度的关系　（b）某些固体介质（-10~10℃间为不稳定测量区）

图 2-14　$\tan\delta$ 与温度的关系曲线示意图

由于试品的介质损耗因数随温度的变化而变化，因此常将在不同温度下测量的 $\tan\delta$ 值均换算至 20℃，在同一温度下进行比较。但由于试品的真正温度难以测到，通常均在环境温度为 10～30℃时进行试验，以尽量减小换算引起的误差。

5. 试验电压的影响

tanδ 与电压的关系曲线如图 2-15 所示。

良好绝缘的 tanδ 不随电压的升高而明显增加。若绝缘内部有缺陷，则 tanδ 将随试验电压的升高而明显增加。

（1）利用介质损耗因数分析绝缘缺陷，完成外加电压与 tanδ 的关系曲线。

（2）对变电设备而言，虽可反映绝缘受潮、劣化变质等缺陷，但难以反映绝缘内部的工作电压下局部放电性缺陷。

（3）对于集中性缺陷，有时 tanδ 反应也不灵敏。

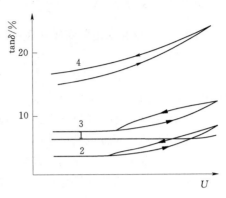

图 2-15 tanδ 与电压的关系曲线
1—绝缘良好的情况；2—绝缘老化的情况；3—绝缘中存在气隙的情况；4—绝缘受潮的情况

2.3.4 现场使用注意事项

（1）电桥外壳必须接地。高压介损测试仪虽然种类很多，但是所有的高压介损测试仪外壳都必须接地。原因如下：

1）所有的电桥都要有零参考点，不论电桥标准桥臂处在低电位还是高电位，没有零点参考，电桥就处在悬浮测量状态，所测结果是一个不稳定值。

2）高压介损测试仪内部带高压电源，如果外壳不接地，就可能使外壳处于高电位状态，危及试验人员人身安全，同时损坏测试仪器。

（2）高压介损测试仪的高压测量线必须保持整洁和干燥。目前高压介损测试仪的测量线大多采用高压绝缘测试线，各制造厂允许测量时将测试线拖地，在测试线新使用时测试线表面绝缘电阻很高，表面泄漏电流可以忽略，经过长时间使用，在高压测试线表面形成污垢，使高压测试线表面绝缘电阻大大下降，测试线表面泄漏加大，使高压回路出现旁路，正接线测量时会使介损增大，反接线时介损减小。

（3）平衡电桥测量时应逐渐加大灵敏度，试验结束应先将灵敏度退至零，再退电压。目的是主要保护检流计不受不平衡电流的冲击。

（4）高压介损测试仪在测试过程中严禁变换功能开关。测试过程中如果突然变换功能开关，会使测试仪计算电路受冲击损坏测试仪。

（5）高压介损测试仪的高压测试线在实际使用中尽量采用悬挂方式进行接线，避免由于高压测试线对地损耗导致测试结果为负值。

（6）要经常检查低压测试线与仪器的接线端头，保证接线端头的干燥及端头内部引线绝缘距离。避免由于低压测试线对地损耗导致测试结果为负值。

（7）用高压介损测试仪的自励磁发进行 CVT 介损测量时，在低压侧回路中应串联一块电流表，监视通过电磁单元的电流，避免损坏电磁单元。

2.3.5 实际操作

2.3.5.1 反接法进行高压介质损耗测试的操作步骤

1. 准备工作

（1）在试验区域设置安全围栏，并向外悬挂"止步，高压危险"标示牌，试验区域的面积应能满足高压试验的安全要求。

（2）准备好合适的高压介质损耗测试仪及测试线等。

（3）用接地线在被试品接地端引出，与高压介质损耗测试仪的接地端相连；接地线应采用 $4mm^2$ 及以上的多股裸铜线或外覆透明绝缘层的铜质软绞线。

（4）将高压专用测试线与高压介质损耗测试仪高压输出插口相连。

（5）对被试品放电接地，将高压测试专用线与被试品连接，并接地。

（6）连接带闸刀的电源盘与动力电源箱的连线。

2. 开始试验

（1）试验负责人检查试验接线，确认正确无误，试验负责人下令"非试验人员撤离试验现场，试验人员各就各位"。

（2）试验负责人下令"解除高压侧接地线"。试验人员取下接地线，汇报试验负责人"接地线已拆除，可以试验"。

（3）试验负责人下令"试验开始"。试验操作人员复合"开始试验"。

（4）连接测试仪到带闸刀的电源盘的连线，合上闸刀，合上仪器电源，设置试验方法为反接法，设置试验电压，合上高压允许开关（在实际使用中按仪器操作说明书进行操作），通知所有试验人员"注意！开始加压"，启动高压。

（5）测试结束，操作人员开始降压至零，关闭高压允许开关，记录测试数据。

（6）确认试验数据无疑问，断开仪器电源，拉开电源闸刀。

（7）试验操作人员汇报试验负责人"电压已回零，电源已断开"，试验负责人下令"放电！接地"。

3. 试验结束

（1）试验负责人确认安全措施已做好，下令"试验结束，拆除试验接线"。

（2）先将高压介损测试仪与电源的连线拆除。

（3）再拆除高压介损测试仪与试品的连线，拆除连线时先拆除试品端、再拆除仪器端。

（4）拆除高压介损测试仪接地端的接地线。

（5）拆除连接电源盘与动力电源箱的连线。

（6）拆除所有试验临时接线，将被试品恢复到试验前状态。

（7）拆除试验安全围栏，清理试验现场，做到"工完料尽场地清"。

2.3.5.2 正接法进行高压介质损耗测试的操作步骤

1. 准备工作

（1）在试验区域设置安全围栏，并向外悬挂"止步，高压危险"标示牌，试验区域的面积应能满足高压试验的安全要求。

（2）准备好合适的高压介质损耗测试仪及测试线等。

（3）用接地线在被试品接地端引出，与高压介质损耗测试仪的接地端相连；接地线应采用 $4mm^2$ 及以上的多股裸铜线或外覆透明绝缘层的铜质软绞线。

（4）将高压专用测试线与高压介质损耗测试仪高压输出插口相连。

（5）将 C_X 测试线与高压介质损耗测试仪 C_X 输入插口相连。

（6）对被试品放电接地，将高压测试专用线与被试品高压端连接。

（7）将 C_X 测试线与被试品的低端相连。

（8）连接带闸刀的电源盘与动力电源箱的连线。

2. 开始试验

（1）试验负责人检查试验接线，确认正确无误。试验负责人下令"非试验人员撤离试验现场，试验人员各就各位"。

（2）试验负责人下令"解除高压侧接地线"。试验人员取下接地线，汇报试验负责人"接地线已拆除，可以试验"。

（3）试验负责人下令"试验开始"。试验操作人员复合"开始试验"。

（4）试验操作人员连接测试仪到带闸刀的电源盘的连线，合上闸刀，合上仪器电源，设置试验方法为正接法，设置试验电压，合上高压允许开关（在实际使用中按仪器操作说明书进行操作），通知所有试验人员"注意！开始加压"，启动高压。

（5）测试结束，操作人员开始降压至零，关闭高压允许开关，记录测试数据。

（6）确认试验数据无疑问，断开仪器电源，拉开电源闸刀。

（7）操作人员汇报试验负责人"电压已回零，电源已断开"，试验负责人下令"放电！接地"。

（8）试验人员用放电棒进行放电，并挂上接地线。汇报试验负责人"放电结束，接地线已挂上"。

3. 试验结束

（1）试验负责人确认安全措施已做好，下令"试验结束，拆除试验接线"。

（2）先将高压介损测试仪与电源的连线拆除。

（3）再拆除高压介损测试仪与试品的连线，拆除连线时先拆除试品端、再拆除仪器端。

（4）拆除高压介损测试仪接地端的接地线。

（5）拆除连接电源盘与动力电源箱的连线。

（6）拆除所有试验临时接线，将被试品恢复到试验前状态。

（7）拆除试验安全围栏，清理试验现场，做到"工完料尽场地清"。

2.3.5.3 进行高电压介质损耗测试的操作步骤

1. 准备工作

（1）在试验区域设置安全围栏，并向外悬挂"止步，高压危险"标示牌，试验区域的面积应能满足高压试验的安全要求。

（2）准备好合适的高压介质损耗测试仪、高压试验电源、高压标准电容器及测试线等。

（3）用接地线在被试品接地端引出，与高压介质损耗测试仪、高压标准电容器和高压试验电源的高压尾及控制箱的接地端相连；接地线应采用 $4mm^2$ 及以上的多股裸铜线或外覆透明绝缘层的铜质软绞线。

（4）将 C_X 测试线与高压介质损耗测试仪 C_X 输入插口相连。

（5）将 C_N 测试线与高压介质损耗测试仪 C_N 输入插口相连。

（6）用高压引线将试验装置的高压侧和高压标准电容器高压侧及被试品高压侧相连。

（7）用测试线将电源控制箱与升压装置相连。

（8）用 C_N 测试线的另一端与高压标准电容器相连。

（9）用 C_X 测试线的另一端与被试品低压侧相连。

（10）连接带闸刀的电源盘与动力电源箱的连线。

2. 开始试验

（1）试验负责人检查试验接线，确认正确无误。试验负责人下令"非试验人员撤离试验现场，试验人员各就各位"。

（2）试验负责人下令"解除高压侧接地线"。试验人员取下接地线，汇报试验负责人"接地线已拆除，可以试验"。

（3）试验负责人下令"试验开始"。试验操作人员复合"开始试验"。

（4）仪器操作人员连接测试仪到带闸刀的电源盘的连线，合上闸刀，合上仪器电源，设置试验方法为外施法，试验电压设置为试品最高试验电压（在实际使用中按仪器操作说明书进行操作）。

（5）升压操作人员连接控制箱到带闸刀的电源盘的连线，合上闸刀，合上控制箱电源，通知所有试验人员"注意！开始加压"，启动高压。

（6）升压操作人员先将电压加至 10kV，通知仪器操作人员可以测试。

（7）仪器操作人员测试 10kV 这点的介损和电容量，记录试验数据；并通知升压操作人员"继续升压"。

（8）升压操作人员按最高电压不少于 5 个测试点的电压进行加压，每加到一个电压点，就通知仪器操作人员进行介损和电容量测量。

（9）到最高试验电压进行介损和电容量测量后，进行下降电压测量，测量的电压点和上升时相同。

（10）测试结束，升压操作人员将电压降至零，确认试验数据无疑问，断开控制箱电源，拉开电源闸刀。

（11）升压操作人员汇报试验负责人"电压已回零，电源已断开"，试验负责人下令"放电！接地"。

（12）试验人员用放电棒进行放电，并挂上接地线。汇报试验负责人"放电结束，接地线已挂上"。

（13）全部试验结束，关闭测试仪电源，拉开电源闸刀。

3. 试验结束

（1）试验负责人确认安全措施已做好，下令"试验结束，拆除试验接线"。

（2）先将控制箱、测试仪与电源的连线拆除。

（3）再拆除控制箱与升压装置的连线。

（4）拆除试验装置的高压侧到高压标准电容器高压侧及被试品高压侧的连线。

（5）拆除 C_X 测试线的与被试品低压侧连接头。

（6）拆除 C_N 测试线与高压标准电容器的连接头。

（7）拆除 C_N 测试线与高压介质损耗测试仪 C_N 输入插口的连接头。

（8）拆除 C_X 测试线与高压介质损耗测试仪 C_X 输入插口的连接头。

（9）拆除高压介质损耗测试仪、高压标准电容器和高压试验电源的高压尾及控制箱的接地端连线。

（10）拆除连接电源盘与动力电源箱的连线。

（11）拆除所有试验临时接线，将被试品恢复到试验前状态。

（12）拆除试验安全围栏，清理试验现场，做到"工完料尽场地清"。

2.4 开 关 特 性 测 试

高压断路器是指能开断、关合、承载运行线路的正常电流，并能在规定时间内承载、关合、开断规定的异常电流（如短路电流）的电器设备。高压断路器的主要功能如下：

（1）在关合状态时应为良好的导体，不仅对正常电流而且对规定的短路电流也应能承受其发热和电动力的作用。

（2）对地及断口间具有良好的绝缘性能。

（3）在关合状态的任何时刻，应能在不发生危险过电压的条件下，在尽可能短的时间内开断额定短路电流以下的电流。

（4）在开断状态的任何时刻，应能在断路器触头不发生熔焊的条件下，在短时间内安全地关合规定的短路电流。

断路器是电力系统最重要的控制和保护设备，它既要在正常情况下切、合线路，又要在故障情况下开断巨大的故障电流（特别是短路电流），因此断路器工作好坏直接影响电力系统的安全可靠运行。断路器的分、合闸速度，分、合闸时间，分、合闸不同期程度，以及分合闸线圈的动作电压，直接影响断路器的关合和开断性能。所以，高压断路器的机械特性参数是判断高压开关性能的重要参数之一，高压开关机械特性参数测量是一项很重要的试验项目，它是保证高压开关的主要参数在正常工作时满足高压开关标准的要求。高压开关机械特性参数测量包括动作时间、速度参量、开关行程和动作电压等测试项目。其中动作时间和动作电压为状态检修中要求的例行试验项目。

2.4.1 检测方法分类

1. 用电秒表测量时间

电秒表具有测量简单、使用方便等优点。但是电秒表难以准确测量相间或断口间不同期性，所以已逐渐被取代。

2. 光线示波器测量时间

使用光线示波器可以测量高压开关分、合闸时间，同期差及分、合闸电磁铁的动作情况。这种方法具有测量准确、直观，且能同时测量多个时间参量等优点。

由于光线示波器时标范围宽、精度高，且能直观反映出断路器在动作过程中有关参量的变化情况，因此，过去一直是测量高压开关机械特性的主要方法。

3. 高压开关机械特性测试仪

这是一类随着电子技术的发展，应用计算机测量技术解决高压开关机械动作各参数的测量仪器，到目前为止高压开关机械特性测试仪已广泛应用于现场试验工作中。

2.4.2　检测原理

对高压开关主要参数进行测量，以往采用继电器组合控制电路和光线示波器，存在精度低，易烧毁继电器的弊病。高压开关机械特性测试仪是新一代操作测量仪器，该类测试仪以单片机为核心，采用测速器测量速度，霍尔电流传感器测量操作线圈电流，具有操作安全，测量准确，性能稳定的特点。机构组成由单片机、采样/保持电路、定时器、测量速度和电流模拟信号。由定时器测量断口的分、合时间。

高压开关机械特性测试仪工作原理为：先将 200V 交流电源接入，给主控制器 CPU供电，主控制器通电后，控制光屏显示器、直流整流电路、分合闸输出电源、速度控制器和弹跳计数电路及分、合闸计数电路，时间基准控制弹跳计数电路及分、合闸计数电路，同时将基准时间输入主控制器。电源输出信号采样电路将分、合闸输出电源信号送回到主控制器，通过信号采样电路将时间端口信号和外部触发信号送回到主控制器，速度控制器将速度端口信号通过速度采样电路将速度信号送回到主控制器。高压开关机械特性测试仪通用工作原理图如图 2-16 所示。

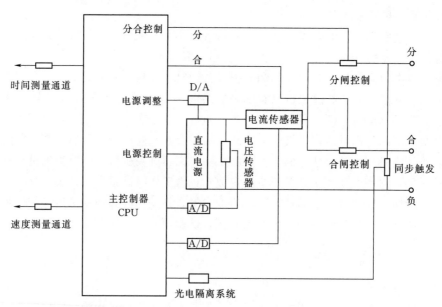

图 2-16　高压开关机械特性测试仪工作原理图

高压开关机械特性测试仪发展到现在基本工作原理与图 2-16 所示没有很大的区别。只是增加了许多功能，如石墨触头等的测试功能。高压开关机械特性测试仪通过操作软件，控制面板显示和面板按键及打印机驱动接口。测试结束通过系统存储器将数据存入存储器，保存采集的数据。

2.4.3 技术参数

（1）仪器的测量时间、测量行程和测量速度应满足如下要求：

1）测量时间：不小于开关分、合闸时间，分辨率 0.01ms。

2）测量行程：由不同传感器确定（不小于开关行程的 120%）。

3）测量速度：真空开关不小于 2m/s，非真空开关不小于 15m/s。

（2）仪器的测量误差应满足如下要求：

1）时间测量误差：200ms 以内，±0.1ms；200ms 以上，±2%。

2）同期性时间测量误差：测试仪同期性时间不大于±0.1ms。

3）行程测量误差：对于真空开关±0.5mm；对于非真空开关±2mm。

4）速度测量误差：0～2m/s 以内，±0.1m/s；2m/s 以上，±0.2m/s。

（3）使用环境条件满足如下要求：

1）供电电源：AC（220±22）V；（50±1）Hz。

2）温度：0～40℃。

3）相对湿度：不大于 85%。

（4）外观满足如下要求：仪器表面应光洁平整，不应有凹、凸痕及划伤、裂缝、变形现象。涂层不应起泡、脱落。字迹应清晰、明了。金属零件不应有锈蚀及机械损伤，接插件牢固可靠，开关、按钮均应动作灵活。仪器应有明显的接地标识。

仪器附件应完备，传感器附件应有安装说明。

（5）安全满足如下要求：

1）绝缘电阻：测试仪电源部分和机壳之间的绝缘电阻应不小于 2MΩ。

2）介电强度：测试仪电源部分和机壳之间应承受工频 1.5kV 电压，历时 1min，无飞弧和击穿现象。

2.4.4 使用注意事项

使用注意事项如下：

（1）仪器应由专业人员操作。

（2）测试线的接拆与传感器安装都应在待测对象和仪器不带电情况下进行。

（3）在连接仪器的输入或输出端前，请务必将仪器正确接地。

（4）尽量使用原厂提供的测试线。

（5）在连接直流输出线情况下，打开仪器电源开关和控制开关操作前，务必先确认开关动作不产生任何可能的人身与设备危险。

（6）在仪器开机状态下，操作人员或其他人员不得触及测量回路、控制输出回路及与之相连接的导体。

（7）请勿在潮湿、易燃易爆的环境下操作。

2.4.5　现场实际操作

1. 准备工作
（1）准备好合格有效的低电压动作测试仪及测试线等。
（2）连接电源盘与动力电源箱的连线（采用交流供电时才使用）。
（3）将仪器两线端接入线圈两端。
（4）试验负责人检查试验接线，确认正确无误，试验负责人下令"非试验人员撤离试验现场，试验人员各就各位。检查仪器是否正常"。
（5）试验操作人员确认仪器正常后回复"仪器正常"。

2. 开始试验
（1）试验负责人在确认测试仪工作正常后，对试验操作人员下令"开始试验"。
（2）调升电压至额定电压的30%，按试验键开关可靠不动作。
（3）按一定幅度调升电压，按试验键直至开关可靠动作，该电压即为最低动作电压。
（4）记录试验数据。
（5）测试结束，关闭仪器。

3. 试验结束
（1）试验操作人员拆除测试仪与被试品的连线。
（2）拆除连接电源盘与动力电源箱的连线（采用交流供电时才使用）。
（3）清理试验现场，做到"工完料尽场地清"。

2.4.6　测试数据要求

（1）动作电压。当操作控制电压为交流电压，数值为额定电压的85%～110%时，断路器应可靠合闸和分闸；当采用直流操作控制，操作控制电压为额定电压的85%～110%应可靠合闸，为额定电压的65%～110%时应可靠分闸，当电源低于额定电压的30%时应可靠不动作。

（2）同期性。除有特别要求之外，相间合闸不同期不大于5ms，相间分闸不同期不大于3ms，同相各断路器合闸不同期不大于3ms，同相分闸不同期不大于2ms。

2.5　直流电阻测试

直流电阻测试仪是在双臂电桥的基础上发展起来，早期直流电阻测量采用的是直流双臂电桥，随着系统电压等级和电力设备绝缘水平的提升，双臂电桥的测量方式已不能满足高压试验的要求，在20世纪70年代至80年代初，在双臂电桥的原理上开发出第一代直流电阻测试仪，它将测试电流提高到了1A。随着系统负荷的增加变压器容量也在增加，在20世纪80年代末期对直流电阻测试仪进行了改造，按当时的科技水平，对直流电阻测试仪从测量原理上进行了一次变革，这就是现在系统内在使用的直流电阻测试仪的测量原理。

2.5.1　分类

直流电阻测试仪分成两类。

（1）变压器直流电阻测试仪。变压器直流电阻测试仪的作用是检查变压器绕组内部导线和引线的焊接质量，有无层间短路或内部断线，电压分接开关的接触是否良好等。

（2）回路电阻测试仪（接触电阻测试仪）。回路电阻测试仪的作用是检查断路器静动触点、隔离刀闸的连接是否良好；检查其他大电流回路连接是否良好。

2.5.2　工作原理

直流电阻测试仪的工作原理建立在欧姆定律（$R=U/I$）上，即直流电阻测试仪产生一个恒定的直流电流输送至试品，在试品的两端产生电压降，通过试品两端的电压与流过试品的电流之比得到被试品的直流电阻值。

（1）变压器直流电阻测试仪的工作原理（图2-17）。从图2-18可知变压器直流电阻测试仪的工作原理是：交流电源输入给直流恒流电源供电，同时交流电源经稳压电源给单片机 CPU 提供工作电源，通过测试控制键选择测试电流，启动直流恒流电源向试品输送直流电流，然后分别从标准分流器两端取回电流信号，从试品两端取回电压信号，通过放大器将电压、电流信号放大经 A/D 采样通道输送给单片机 CPU 进行计算，单片机 CPU 将计算结果传输给显示器显示被测电阻值。由于变压器直流电阻测试仪测量的对象是变压

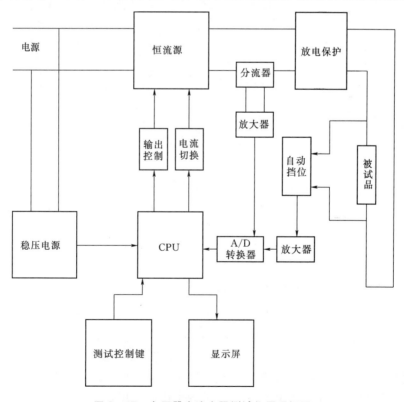

图2-17　变压器直流电阻测试仪原理框图

器的线圈，当电感线圈在直流电流的作用下储存一定能量时，如果测量过程中断电，电感线圈储存的能量就会向电源回路反送，为保证测试仪器的安全，在变压器直流电阻测试仪内部增加了放电保护电路（消磁电路），在测量结束断电时，放电保护（消磁功能）启动，将电感线圈内储存的能量进行释放。

（2）回路电阻测试仪（接触电阻测试仪）的工作原理（图 2-18）。从图 2-18 可知回路电阻测试仪（接触电阻测试仪）的工作原理是：交流电源输入给直流恒流电源供电，同时交流电源经稳压电源给单片机 CPU 提供工作电源，通过测试控制键选择测试电流，启动直流恒流电源向试品输送直流电流，然后分别从标准分流器两端取回电流信号，从试品两端取回电压信号，将电压、电流信号经 A/D 采样通道输送给单片机 CPU 进行计算，单片机 CPU 将计算结果传输给显示器显示被测电阻值。

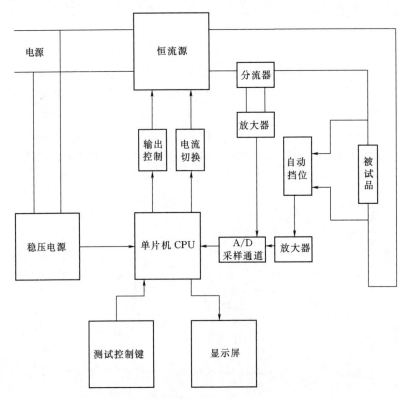

图 2-18　回路电阻测试仪原理框图

2.5.3　现场使用注意事项

1. 变压器直流电阻测试仪

（1）变压器直流电阻测试仪的测量电流选择。

1）35kV 及以下电力变压器采用电流为 1～3A 直流电阻测试仪。

2）110kV 电力变压器采用电流为 3～5A 直流电阻测试仪。

3）220kV 电力变压器采用电流为 10A 直流电阻测试仪。

4）500kV 电力变压器采用电流为 5A 直流电阻测试仪。

（2）五柱式变压器应采用输出电流 20A 及以上的测试仪。

（3）测量时严禁断开测量回路。

（4）测量时严禁断开电源回路。

（5）测试结束，改拆接线时一定要对测试回路放电后进行。

（6）电源线三眼插头不要变成两眼插头。

2. 回路电阻测试仪（接触电阻测试仪）

（1）测量时严禁断开测量回路。

（2）测量时严禁断开电源回路。

（3）电源线三眼插头不要变成两眼插头。

2.5.4 现场实际操作

1. 准备工作

（1）在试验区域设置安全围栏，并向外悬挂"止步，高压危险"标示牌，试验区域的面积应能满足高压试验的安全要求。

（2）准备好合适的直流电阻测量仪及测试线等。

（3）用接地线在被试品接地端引出，与直流电阻测量仪的接地端相连；接地线应采用 $4mm^2$ 及以上的多股裸铜线或外覆透明绝缘层的铜质软绞线。

（4）对被试品放电接地。

（5）用专用测试线将直流电阻测量仪与被试器可靠连接（连接仪器时粗线接电流端，细线接电压端，连接被试品时粗线接外侧，细线接内侧）。

（6）连接带闸刀的电源盘与动力电源箱的连线。

2. 开始试验

（1）试验负责人检查试验接线，确认正确无误，试验负责人下令"非试验人员撤离试验现场，试验人员各就各位"。

（2）试验负责人下令"解除高压侧接地线"。试验人员取下接地线，汇报试验负责人"接地线已拆除，可以试验"。

（3）试验负责人下令"试验开始"。试验操作人员复合"开始试验"。

（4）试验操作人员连接好直流电阻测量仪到带闸刀的电源盘的连线。

（5）合上电源盘闸刀，确认接线无误后，合上直流电阻测量仪电源开关。

（6）按要求选择测量电流。

（7）按启动键进行测量。

（8）当显示屏显示被试品稳定的直流电阻值，记录测量结果，按复位键断开充电回路，仪器处于放电消弧状态。

（9）蜂鸣器停响或放电显示结束，方可变更试验接线（按实际使用的直流电阻测量仪的操作说明书进行操作）。

3. 试验结束

（1）试验负责人确认试验数据无误后下令"放电！接地"。

（2）试验人员用放电棒进行放电，汇报试验负责人"放电结束，接地线已挂上"。

（3）试验负责人下令"试验结束，拆除试验接线"。

（4）先拆除直流电阻测量仪与带闸刀的电源盘的连线。

（5）再拆除与被试品的连线。

（6）拆除直流电阻测量仪的连线。

（7）拆除连接电源盘与动力电源箱的连线。

（8）拆除直流电阻测量仪的接地线。

（9）将被试品恢复到试验前状态。

（10）拆除试验安全围栏，清理试验现场，做到"工完料尽场地清"。

2.5.5 使用过程中的异常及处理

（1）开机后显示屏无显示。

1）原因为①AC220V电源接触不良；②电源保险管损坏。

2）处理方式为①检查电源连接，重新接好；②更换保险管。

（2）黑屏。液晶显示屏损坏或由于太阳光长时间暴晒；返厂维修或将测试仪放置阴凉处一段时间后再开机。

2.6 低电压短路阻抗检测

电力变压器在运行或者运输过程中不可避免地要遭受各种故障短路电流的冲击或者物理撞击，在短路电流产生的强大电动力作用下，变压器绕组可能失去稳定性，导致局部扭曲、鼓包或移位等永久变形现象，这样将严重影响变压器的安全运行。为了检测变压器的变形程度或是否变形，《电力变压器绕组变形的频率响应分析法》（DL/T 911—2004）中明确规定了对变压器变形的测试。目前检测变压器绕组变形的常用方法有：频率响应分析法、扫频法和低压短路阻抗法。其中短路阻抗是变压器的重要参数，低压短路阻抗法是判断绕组变形的传统方法，为此《电力变压器 第 5 部分：承受短路的能力》 （GB/T 1094.5—2003）曾规定：短路电抗的变化量是判断变压器绕组有无变形的唯一判据。

2.6.1 检测原理

变压器的短路阻抗是指该变压器的负荷阻抗为零时变压器输入端的等效阻抗。短路阻抗可分为电阻分量和电抗分量，电抗是容抗和感抗的总和。对于 110kV 及以上的大型变压器，由于感抗很大所以电阻分量在短路阻抗中所占的比例非常小，短路阻抗值主要是电抗分量的数值。变压器的短路电抗分量，就是变压器绕组的漏电抗。变压器的漏电抗可分为纵向漏电抗和横向漏电抗两部分，通常情况下，横向漏电抗所占的比例较小。变压器的漏电抗值由绕组的几何尺寸决定，变压器绕组结构状态的改变势必引起变压器漏电抗的变化，从而引起变压器短路阻抗数值的改变。

变压器的阻抗公式为

$$Z = R + jX$$

式中　Z——阻抗；

　　　R——电阻；

　　　X——电抗。

当 $X>0$ 时，称为感性电抗；当 $X=0$ 时，电抗为 0；当 $X<0$ 时，称为容性电抗。

一般应用中，只需知道阻抗的强度即可，计算为

$$|Z|=\sqrt{R^2+X^2}$$

对电阻为 0 的理想纯感抗或容抗元件，阻抗强度就是电抗的大小。

一般电路的总电抗计算为

$$X=X_L+X_C$$

式中　X_L——电路的感抗；

　　　X_C——电路的容抗。

2.6.2　检测方法

变压器短路阻抗测量采用伏安法。该方法适用于单相和三相变压器。测试前将变压器的一侧出线短接，短接用的导线须有足够的截面积，并保持各出线端子接触良好，以减小引线的回路电阻。变压器的另一侧施加试验电压，从而产生流经阻抗的电流，同时测量加在阻抗上的电流和电压，此电压、电流的基波分量的比值就是被试变压器的短路阻抗。

变压器短路阻抗测试时，通常在变压器的高压绕组侧加压，在低压绕组侧短路。为保证测试精度，电压测量回路应直接接在被试变压器的出线端子上，以免引入电流引线上的电压降。试验用调压器的额定电流不能小于 10A，试验时流经被试变压器绕组的试验电流以在其额定电流的 0.5%～0.1% 的数量级上或 2～10A 为宜，试验电流不能太大，否则由于电源的过载使试验电压波形严重畸变，影响测试精度。

2.6.3　试验接线

试验接线如图 2-19、图 2-20 所示。

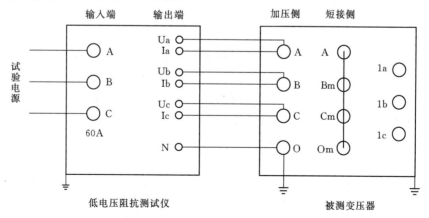

图 2-19　三相法高压侧对中压侧测试示意图

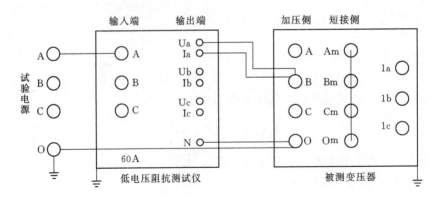

图 2-20 单相法测 BO 相示意图

2.6.4 现场使用注意事项

现场使用注意事项如下：

（1）电压从相对较高电压等级端加入，相对较低端短路、其他端悬空。

（2）阻抗测量应把有载开关调至第一档，使得测试数值能反映整个绕组的短路情况。

（3）对于大容量主变，应控制输入电压数值，以免低压侧电流超过仪器所允许的最大电流值，烧毁保险熔丝。

（4）测试数据应与铭牌值进行比较，误差不超过 2%，与初值比较应无明显变化。

2.6.5 现场实际操作

1. 准备工作

（1）试验人员在试验区域设置安全围栏，并向外悬挂"止步，高压危险"标示牌，试验区域的面积应能满足高压试验的安全要求。

（2）在试验前应根据被试设备铭牌信息估算试验电流，以便选取合适的试验仪器及测试线等。

（3）对被试变压器放电接地，将各侧档位调至最大电压分接位置。

（4）将低电压阻抗仪外壳可靠接地。

（5）试验接线方法。

1）高对中测试：将中压侧短路，低压侧开路，高压侧与测试仪器相连。

2）高对低测试：将低压侧短路，中压侧开路，高压侧与测试仪器相连。

中对低测试——将低压侧短路，高压侧开路，中压侧与测试仪器相连。

接线参照附录。

（6）连接电源盘与动力电源箱的连线。

2. 开始试验

（1）试验负责人检查试验接线，确认正确无误后下令"非试验人员撤离试验现场，试验人员各就各位"。

（2）试验操作人员连接测试仪与电源盘的连线，合上电源盘闸刀，合上仪器电源，确认仪器显示正常，进行相应设置后（在实际使用中按仪器说明书的要求进行操作），汇报试验负责人"仪器正常，设置完毕"。

（3）试验负责人在确认仪器仪表显示正常后下令"试验开始"，试验操作人员复合"开始试验"。

（4）试验操作人员合上试验电源闸刀，开始加压并测试，记录试验数据；测试完毕，试验操作人员拉开试验电源闸刀，汇报试验负责人"电压已回零，电源已断开"。

（5）试验负责人确认试验数据正常，下令"放电！接地"。

3. 试验结束

（1）试验负责人确认安全措施已做好，下令"试验结束，拆除试验接线"。

（2）先关闭仪器电源，拉开电源盘闸刀，拆除低电压阻抗测试仪与试验电源箱的连线。

（3）再拆除试验电源箱与电源盘的连线，拆除电源盘与现场检修电源箱的连线。

（4）拆除仪器与主变的连线。

（5）拆除所有试验临时接线，将被试品恢复到试验前状态。

（6）拆除试验安全围栏，清理试验现场，做到"工完料尽场地清"。

2.7　变压器绕组频率响应测试

变压器绕组变形是在电动力和机械力作用下，尺寸或形状发生不可逆的变化，可能是由于运输损坏、出口短路或是用于支撑绕组的绝缘结构自然老化造成。在绝缘材料出现故障以前，检测这些形变能有效降低维护费用，提高系统可靠性。变压器绕组频率响应测试仪能系统提供衰减曲线便于比较偏差，从而发现绕组变形或磁化铁芯故障。

2.7.1　原理

在较高频率的电压作用下，变压器的每个绕组均可视为一个由线性电阻、电感（互感）、电容等分布参数构成的无源线性双口网络，其内部特性可通过传递函数 $H(j\omega)$ 描述。若绕组发生变形，绕组内部的分布电感、电容等参数必然改变，导致其等效网络传递函数 $H(j\omega)$ 的零点和极点发生变化，使网络的频率响应特性发生变化。变压器绕组的幅频响应特性如图 2-21 所示。

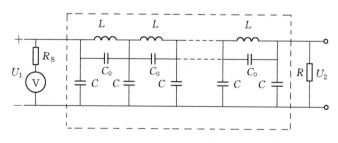

图 2-21　变压器绕组的幅频响应特性图

变压器绕组的幅频响应特性采频率扫描方式获得。连续改变外施正弦波激励源 U_s 的

频率 f（角频率 $\omega = 2\pi f$），测量在不同频率下的响应端电压 U_2 和激励端电压 U_1 的信号幅值之比，获得指定激励端和响应端情况下绕组的幅频响应曲线。L、C_0 及 C 分别代表绕组单位长度的分布电感、分布电容及对地分布电容，U_1、U_2 分别为等效网络的激励端电压和响应端电压，U_S 为正弦波激励信号源电压，R_S 为信号源输出阻抗，R 为匹配电阻。

2.7.2　测量影响因素

测量影响因素如下：

（1）检查变压器接地状况是否良好，套管引线应全部解开。

（2）详细记录被试品的铭牌数据及原始工况有否异常，以及被试品变压器当前测试状况下的分接开关位置。

（3）长地接线会影响高频区间的测量，在现场测试时使用尽量短的地接线，并把接线沿套管表面放置。

（4）对刚退出运行的变压器进行测量，测量前应尽量让其散热降温；但在整个测量过程中应停止对其所施的降温手段，保持温度，以免测量过程中温度变化过大而影响测量结果的一致性。

2.7.3　现场使用注意事项

现场使用注意事项如下：

（1）应保证测量阻抗的接线钳与套管线夹紧密接触。如果线夹上有导电膏或锈迹，必须使用纱布或干燥的棉布擦拭干净。

（2）测试时要注意信号源位置的影响，U 端输入、N 端输出和 N 端输入、U 端输出的曲线是不同的。

（3）测试仪的接地没有连接正确前，请不要开始变形测试。

（4）测试时应确认周边无大型用电设备干扰试验电源。

2.7.4　现场实际操作

1. 准备工作

（1）试验人员在试验区域设置安全围栏，并向外悬挂"止步，高压危险"标示牌，试验区域的面积应能满足高压试验的安全要求。

（2）对被试变压器放电接地，将各侧档位调至最大电压分接位置。

（3）准备好合适的试验仪器及测试线等。

（4）用接地线在变压器主接地端引出，将试验仪器的外壳可靠接地，接地线应采用 $4mm^2$ 及以上的多股裸铜线或外覆透明绝缘层的铜质软绞线。

（5）用专用测试线将试验仪器与变压器绕组连接（根据实际操作的仪器要求进行接线操作）。

（6）连接电源盘与动力电源箱的连线。

2. 试验装置可靠性确认

（1）试验负责人检查试验接线，确认正确无误后，下令"非试验人员撤离试验现场，试验人员各就各位"。

（2）试验操作人员将试验仪器电源线与电源相连，打开电源确认仪器正常，汇报工作负责人"仪器正常"。

3. 开始试验

（1）试验负责人下令"试验开始"。试验操作人员复合"开始试验"，开始测量。

（2）试验操作人员等待频率扫描完成，测试结束，将试验曲线保存（根据实际操作的仪器要求进行操作），断开仪器电源，汇报试验负责人"试验已结束，结果已保存，电源已断开"。

（3）试验负责人检查试验结果是否符合要求。

4. 试验结束

（1）试验负责人确认试验结果正确后，下令"试验结束，拆除试验接线"。

（2）先拆除试验仪器与电源盘的连线。

（3）再拆除试验仪器与变压器绕组的连接线。

（4）拆除试验仪器外壳的接地线。

（5）拆除连接电源盘与动力电源箱的连线。

（6）拆除所有试验临时接线，将被试品恢复到试验前状态。

（7）拆除试验安全围栏，清理试验现场，做到"工完料尽场地清"。

2.7.5 使用过程中的异常及处理

（1）变压器绕组发生变形的必要条件是出口短路、近区短路或多次过流动作、运输中发生冲撞。

（2）在低频部分（几十千赫兹）频响曲线一般能够较好地重合，否则应首先怀疑测试接线接触不良。

（3）一般来说 35kV 及以下变压器（包括厂变）频响特性一致性可能较差，应在交接时留原始数据待比较。

（4）测得的频响曲线一般在 $-80 \sim +20\text{dB}$ 之间，如果超出应检查试验回路是否接触不良或断线。

（5）角接绕组分开试验时三相频响特性可能不一致。

（6）平衡绕组可能引起三相频响特性不一致。

（7）绕组严重变形会影响临近绕组的频响特性。

（8）有些小厂及现场检修的变压器，由于工艺较差可能导致变压器绕组频响特性不一致。

（9）有资料表明温度对频响特性有影响。

（10）纠结式绕组有换位导线时可能导致变压器绕组频响特性不一致。

2.8 有载分接开关测试

变压器有载分接（调压）开关能在变压器励磁或负载状态下进行操作，用以调换线圈的分接连接位置改变电力系统运行电压的一种装置。从 20 世纪 80 年代初开始使用有载调压变压器，由于这类变压器在电网中发挥的作用逐年增大，占有率也逐年提高，同时变压器有载分接（调压）开关的事故占变压器事故的比例也逐年提高，当时对变压器有载分接（调压）开关的检查，均需将有载分接（调压）开关调芯，由于有载分接（调压）开关过渡电阻电路中"刷式"触头结构较多，有时即使进行吊芯检查也无法查出缺陷。到了 20 世纪 90 年代初期，为了解决电力变压器有载分接开关能在不吊芯状态下，可快捷、准确、简便地发现有载分接开关的内部故障，根据多年的现场检修经验和教训，开发了用于测量和分析电力系统中电力变压器及特种变压器有载分接（调压）开关电气性能指标的综合测量仪器——有载分接开关测试仪。

2.8.1　分类

有载分接开关测试仪根据需要和现场条件分为两类：

直接由分接开关引线进行测量；由变压器三相套管及中性点直接接线测量。

2.8.2　工作原理

有载分接开关测试仪的工作原理为：将交流 220V 电源送入测试仪，给主控制器和 3 路恒流源供电，主控制器通电后控制光屏显示器和 3 路恒流源的输出，同时输入时间基准，通过 3 路恒流源的输出采样电路和 3 路电压输入采样电路将被试品上的电压、电流信号输送到主控制器，完成对载分接开关动作时间和过渡电阻的测量工作。目前生产的有载分接开关测试仪均采用微电脑控制，通过精密的测量电路，实现对有载分接开关的过渡时间、过渡波形、过渡电阻、三相同期性等参数的精确测量。有载分接开关测试仪工作原理如图 2 - 22 所示。

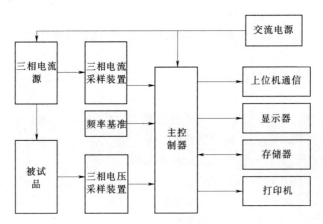

图 2 - 22　有载分接开关测试仪工作原理图

有载分接开关测试仪均具有对所测数据进行显示、分析、存储、打印等功能。解决了电力变压器有载分接开关测量方法落后，没有专用测试手段的问题。可在电力设备预防性试验及变压器大修中及时诊断出有载分接开关的潜在故障，对提高电力系统运行的可靠性具有重要意义。

2.8.3 影响测量的因素

影响测量的因素如下：

（1）仪器中的带绕组档与无绕组档只是通道的滤波系数不同。当进行带绕组测量时，建议选择带绕组档以获得较好的过渡波形，增加测量的可靠性。

（2）当三相波形较乱时，可能是其中一相接触不良，此时应分相测试。

（3）对于长时间未动的有载开关，测试前应多次切合，磨除触头表面氧化层及触头间杂质。

2.8.4 现场使用注意事项

现场使用注意事项如下：

（1）变压器电气独立的其他侧绕组必须短接并接地。

（2）对于有问题的波形，比如某处有断点，可以反向再做一次。如反向测得的波形与正向测得的波形对称处也有断点，很可能发生问题；如无断点，应再做一次正向的，防止误判。

（3）变压器不励磁，完成 8 个操作循环（一个操作循环是从分接范围的一端到另一端，并返回到原始位置）。

（4）变压器不励磁，且操作电压降到额定值 85% 时，完成一个操作循环。

（5）将变压器的一个绕组短路，并尽可能使分接绕组中的电流达到额定值，在粗调选择器或极性选择器操作位置处或中间分接每一侧的两个分接范围内，完成 10 次分接变换操作。

2.8.5 现场实际操作

1. 准备工作

（1）在试验区域设置安全围栏，并向外悬挂"止步，高压危险"标示牌，试验区域的面积应能满足高压试验的安全要求。

（2）准备好合适的有载分接开关测试仪及测试线等。

（3）对被试变压器放电接地。

（4）用接地线在被试变压器接地端引出，将有载分接开关测试仪的接地端相连；接地线应采用 4mm² 及以上的多股裸铜线或外覆透明绝缘层的铜质软绞线。

（5）用测试线按相别将分接开关测试仪与变压器高压侧相连（按实际使用的有载分接开关测试仪的接线方式操作说明书进行操作）。

（6）将变压器低压端子三相短路并接地。

（7）连接带闸刀的电源盘与动力电源箱的连线。

2. 开始试验

（1）试验负责人检查试验接线，确认正确无误，试验负责人下令"非试验人员撤离试验现场，试验人员各就各位"。

（2）试验负责人下令"试验开始"。试验操作人员复合"开始试验"。

（3）连接好有载分接开关测试仪到带闸刀的电源盘的连线。

（4）合上电源盘闸刀，合上有载分接开关测试仪电源开关。

（5）试验操作人员进行仪器设置（按实际使用的有载分接开关测试仪的接线方式操作说明书进行操作）。

（6）开始测试，仪器操作人员与分接开关操作人员进行呼唱并进行相应测试，记录试验数据。

（7）测试结束，试验操作人员关闭有载分接开关测试仪电源，拉开电源盘闸刀。

（8）试验操作人员汇报"测试结束"。

（9）试验负责人确认试验数据无误，下令"放电！接地"。

3. 试验结束

（1）试验负责人确认安全措施已做好，下令"试验结束，拆除试验接线"。

（2）先拆除有载分接开关测试仪与电源的连线。

（3）再拆除变压器高压侧的测试连线。

（4）拆除与有载分接开关测试仪接线端的连接线。

（5）拆除连接电源盘与动力电源箱的连线。

（6）拆除与有载分接开关测试仪接地端的连线。

（7）拆除所有试验临时接线，将被试品恢复到试验前状态。

（8）拆除试验安全围栏，清理试验现场，做到"工完料尽场地清"。

2.8.6 使用过程中的异常情况及处理

（1）CPU板故障可能出现的波形如图2-23所示。

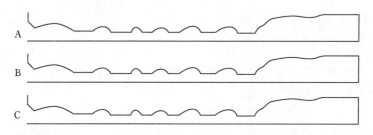

图2-23 CPU板故障波形

出现图2-23的故障，需返厂维修，更换CPU板。

（2）仪器供电电压过低可能出现的波形如图2-24所示。

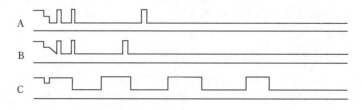

图2-24 仪器供电电压过低波形

仪器供电电压过低时，需重新选择合格的试验电源。

（3）仪器自激振荡可能出现的波形如图 2-25 所示。

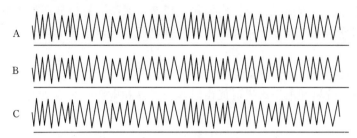

图 2-25 仪器自激振荡波形

将试品充分放电后，进行测试，非测试绕组良好的短接接地；必要时调整仪器的灵敏度。

2.9 交流耐压试验

交流耐压是鉴定电气设备绝缘强度的最有效和最直接的方法，它可以判断电气设备能否继续运行，也是保证电气设备绝缘水平，避免发生绝缘事故的重要手段。本小节针对工频交流耐压试验工作的要求，主要讲述工频交流耐压试验电源装置的组成结构及原理、现场操作步骤及使用注意事项。

2.9.1 分类

交流耐压试验一般有两种加压方法。

（1）工频耐压试验。即给被试品施加工频电压，以检验被试品对工频电压升高的绝缘承受能力，这种加压方法是鉴定被试品绝缘强度的最有效和最直接的试验方法，也是经常采用的试验方法之一。

（2）感应耐压试验。对某些被试品，如变压器、电磁式电压互感器等，采用从二次加压而使一次得到高压的试验方法来检查被试品绝缘。这种加压方法不仅可以检查被试品的主绝缘（指绕组对地、相间和不同电压等级绕组间的绝缘），而且还对变压器、电压互感器的纵绝缘（同一绕组层间、匝间及段间绝缘）也进行了考验。

2.9.2 原理

2.9.2.1 工频交流耐压试验装置的工作原理

1. 工频交流耐压试验装置的组成

工频交流耐压试验装置由 6 个部分组成。

（1）交流电源部分。交流电源部分是指试验装置的交流电源接入到控制系统前这部分，由接线柱或电源插座和闸刀及保险丝组成，这部分是浙江省对高压试验安全的重点要求之一。

（2）低压控制保护部分。低压控制保护部分是指低压输出之前的试验回路保护系统，是由分合闸按钮、空气开关、过电流继电器、过电压继电器、时间继电器、电流设定装置、电压设定装置、时间设定装置、电流表、电压表组成。

（3）调压部分。调压部分是指试验回路电压调节系统，是由调压器组成。

（4）升压部分。升压部分是指试验回路将低电压变成高电压的系统，由单台或多台升压变压器组成。

（5）电压测量部分。电压测量部分是指高电压产生后监视高压侧实际电压的测量系统，它是由电压互感器和电压表组成或由阻容分压器和电压表组成或电容分压器和电压表组成的测量系统。

（6）高压保护部分。高压保护部分是指高压击穿时保护试验变压器的系统和高压过压时保护试品、试验装置不被损坏的保护系统，是由保护电阻和球间隙组成。

2. 工频交流耐压试验装置的工作原理

交流耐压试验常用的原理接线如图 2-26（实际的试验接线应根据被试品的要求和现场设备的具体条件来确定）所示。

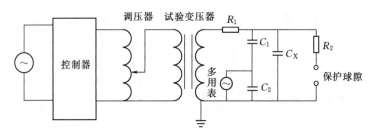

图 2-26 交流耐压试验常用原理接线图

根据图 2-26 所示，工频交流试验装置的工作原理为：由工频交流电源供电，通过控制器向调压器供电，调压器改变输出电压的幅值，经试验变压器将低压变换成高压，向被试品供电；为了保证输送的电压准确，在被试品的两端并联高压测量系统，监测加在被试品两端的实际电压满足试验要求，高压测量系统是由高压阻抗臂和低压阻抗臂及数字多用表组成；为了保证试品击穿不损坏试验装置，在高压试验变压器输出串联一个电阻 R_1，电阻的阻值设计为 $200\Omega/kV$ 通常利用线绕电阻或水电阻作为保护电阻，同时在控制器中也加入了低压回路的保护装置和低压电压测量系统，使工频高压试验装置在高低压故障时均能受到保护不被损坏。在图 2-27 中有一组球隙和电阻，这是一套过压保护系统，防止加压过程中试品产生的容升电压超出试验电压而损坏试品；当电压过高时球隙击穿使高压电压降下来保护试品，球隙保护电阻 R_2 的选择与 R_1 相同。

3. 装置额定电流的选择

被试品大多为电容性的，通过被试设备的电容量可计算出试验中通过试验变压器高压绕组的电容电流 I_c。其计算为

$$I_c = \omega C_X U_e$$

式中 I_c——通过试验变压器高压侧电容电流，mA；

C_X——被试品电容量，pF；

U_e——被试品两端施加的试验电压（有效值），kV；

ω——所加电压的角频率。

选择试验变压器时，应使其高压绕组的额定电流大于 I_c 的计算值。这是因为计算电流时是按纯电容计算，未考虑试验变压器本身阻性分量及试验引线、试验设备本身对地的杂散电容等，使得估算的试验装置额定电流小于实际值。

4. 装置额定容量的选择

对容性设备进行耐压试验时，选择所需试验变压器的容量 S_e 计算为

$$S_e = \omega C_X U_e^2$$

式中　S_e——试验变压器的容性容量，kVA；

　　　U_e——被试品两端施加的试验电压（有效值），kV；

　　　C_X——被试品电容量，pF；

　　　ω——所加电压角频率。

选择的试验变压器容量应大于 S_e 的计算结果。这是因为计算容量是按纯电容计算，未考虑试验变压器本身阻性分量及试验引线、试验设备本身对地的杂散电容等，使得估算的试验装置额定容量小于实际值。

5. 试验装置的补偿方法

在试验大电容被试品时试验变压器容量不够，可采用补偿的方法来减小流经变压器高压绕组的电流，以满足试验对变压器容量的要求。补偿方法为：采用高压电抗器与被试品并联，使流过电抗器的感性电流与流过被试品的容性电流相补偿，可减小流过试验变压器的电流，从而减小试验变压器的所需容量。这时变压器的容量可计算为

$$S_e = \left(\omega C_X - \frac{1}{\omega L} \right) U_e^2$$

式中　S_e——试验变压器的容性容量，kVA；

　　　U_e——被试品两端施加的试验电压（有效值），kV；

　　　C_X——被试品电容量，pF；

　　　L——补偿线圈电感量，H；

　　　ω——所加电压角频率。

采用补偿后，电抗是容抗和感抗之和，由于容性电流与感性电流成 $180°$，所以电路中的电抗减小。从上述变压器的容量计算可看出，电抗减小后，所需的试验变压器容量也随之减小。所以，在高压侧并联电抗器就能满足大电容量被试品的试验要求。通过补偿后，同时减小对试验电源的容量要求。

6. 串级式试验装置

现场试验时，有时需要较高的试验电压，而单台试验变压器的电压不会作得太高。常采用几个变压器串接的办法来提高试验电压。第一台试验变压器的高压绕组一端接地，另一端串联一绕组供给第二台变压器低压绕组励磁，第二台变压器的高低压侧一端和变压器的外壳相连，它们都处于第一台高压端的对地电压，即为 U_2，因此第二台变压器的外壳必须对地绝缘起来。第二台变压器高压端的对地电压就是两台变压器的高压端输出电压之和，即为 $2U_2$。显然，第三台变压器的外壳电位为 $2U_2$，其高压端对地电位为 $3U_2$，即通过 3 台变压器串联，可以获得 3 倍于单台试验变压器额定电压的试验电压。

需要注意的是串级式试验变压器的试验输出额定容量不等于装置总容量。对 3 台变压器串接组成的串级式试验变压器来讲，若该装置输出的额定试验容量 $S_{exp}＝3U_2I_2$，则最高一级变压器的高压侧绕组额定电压为 U，额定电流为 I，装置的额定容量为 UI。第二台变压器的额定容量为 $2UI$。这是因为这台变压器除了要直接供应负载 UI 的容量外，还得供给最高一级变压器的励磁容量 UI。同理，最下面一台变压器应具有的额定容量为 $3UI$。所以每台变压器的容量是不相同的。串级式试验变压器整套设备的总容量应为各变压器容量之和。

2.9.2.2 倍频耐压试验原理

倍频耐压试验又称感应耐压试验，对变压器、电磁式电压互感器等，常采用从二次加压而使一次得到高压的试验方法来检查被试品绝缘。这种加压方法不仅可以检查被试品的主绝缘（指绕组对地、相间和不同电压等级绕组间的绝缘），而且还对变压器、电压互感器的纵绝缘（同一绕组层间及段间绝缘）也进行了考验。而通常的工频耐压试验只是考验了主绝缘，却没有考验纵绝缘，因此要做感应耐压试验。感应耐压试验又分为工频感应耐压试验及倍频（100～400Hz）感应耐压试验两种。对变压器、电磁式电压互感器进行倍频感应耐压试验时，通常在低压绕组上施加频率为 100～200Hz 之间，2 倍于额定电压的试验电压，其他绕组开路。因为变压器在工频额定电压下，铁芯伏安特性曲线接近饱和部分。若在被试品一侧施加小于或等于额定电压，则空载电流会急剧增加，达到不能允许的程度。为了施加额定电压又不使铁芯磁通饱和，多采用增加频率的方法，即倍频耐压方法。

感应耐压试验电压持续时间不得小于 15s，具体试验时间计算为

$$t＝\frac{120×\text{额定频率}}{\text{试验频率}}$$

由于电压互感器的二次容量比较小，不能带负荷，电磁式电压互感器在进行感应耐压试验时，高压测量系统必须采用高阻抗测量系统。

2.9.3 测试影响因素

交流耐压试验是一项大型、复杂的试验，特别是针对大容量设备的耐压试验，应编制相应试验方案，提前计算试验电压、电源容量、匹配电容等技术条件，避免因技术参数设置不合理和人为操作不当引起的试验装置损坏及被试品击穿。以工频交流耐压试验为例，注意试验过程中装置的技术条件，各参数的允许偏差是：空载损耗为＋15％；负载损耗为＋15％；总损耗为＋10％；空载电流为＋30％；试验变压器阻抗电压为±15％；变比为±1％。

各参数以制造厂设计值为标称值，没有给出参考值的以通过同类型、同规格型式试验的装置相关参数为参考值。

1. 绕组允许的最大承受电流

应给出装置内的变压器、调压器绕组允许的最大工作电流，如果没有给出则按 1.2 倍额定电流 1min 考核。

2. 试验变压器的阻抗电压

单台试验变压器的阻抗电压为额定电压的 4％～12％，串级式结构阻抗电压不应超出

额定电压的 15％。

3. 操作控制及保护功能

（1）装置应满足输出电压的连续可调，在 75％试验电压以上，应满足每秒 2％的额定电压上升率和下降率的要求。

（2）当装置输出电流大于整定电流时，过流保护装置应在 1s 内切断回路，推荐装置配置过流指示灯和过流蜂鸣器报警。

（3）配置电压保护装置时，击穿动作电压不大于保护装置设定电压的±5％。

（4）控制台应有控制电源的开关和电源指示灯，电源主回路开关应有明显开断点。

（5）装置应有高压从零升压功能。

4. 电压监测系统

（1）施加的交流电压波形应满足谐波量方均根值不大于基波量方均根值的 5％，应监测试验电压峰值。

（2）用于监测电压的测量系统的测量不确定度不应大于 3％。

（3）在达到 75％试验电压以后应均匀升压，升压速率在每秒 2％的试验电压左右，或在 10～15s 时间范围内升至试验电压。

综上所述，交流耐压试验的电压、波形、频率和电压在被试品绝缘内的分布，一般与实际运行情况相吻合，因而能较有效地发现绝缘缺陷。交流耐压试验应在被试品的非破坏性试验均合格之后才能进行。如果这些非破坏性试验已发现绝缘缺陷，则应设法消除，并重新试验合格后才能进行交流耐压试验，以免造成不必要的损坏。

2.9.4 现场使用注意事项

现场使用注意事项如下：

（1）试验前，应了解被试品的试验电压，同时了解被试品的其他试验项目及以前的试验结果。若被试品有缺陷及异常，应在消除后再进行交流耐压试验。对于电容性被试品，根据其电容量及试验电压估算试验电流大小，判断试验变压器容量是否足够，并考虑过流保护的整定值（一般应整定为被试品电容电流的 1.3～1.5 倍）。

（2）试验现场应围好遮栏或围绳，挂好标示牌，并派专人监护。被试品应断开与其他设备的连线，并保持足够的安全距离，距离不够时应考虑加设绝缘挡板或采取其他防护措施。

（3）试验前，被试品表面应擦拭干净，将被试品的外壳和非被试绕组可靠接地。被试品为新充油设备时，应按《国家电网公司电力安全工作规程》规定使油静止一定时间再施压，对 110kV 及以下的充油电力设备，在注满油后停放不少于 24h。对 220kV 及 330kV 充油电力设备静置时间应不少于 48h。

（4）进行交流耐压试验时，首先将试验装置可靠接地，控制器应有明显断开点。

（5）试验接线应从试品往控制器接，接好试验接线后，应由有经验的人员检查，确认无误后方可接电源。

（6）调整保护球隙，使其放电电压为试验电压的 110％～120％，连续试验 5 次，应无明显差别，并检查过流保护动作的可靠性。

（7）加压前，首先要检查调压器是否在零位。调压器在零位方可升压，升压时应相互呼唱。

（8）升压过程中不仅要监视电压表的变化，还应监视电流表的变化，以及被试品电流的变化。升压时，要均匀升压，不能太快。升至规定试验电压时，开始计算时间，时间到后，缓慢均匀降下电压。不允许不降压就先跳开电源开关。因不降压即跳电源开关相当于给被试品做了一次操作波试验，极可能损坏设备绝缘。

（9）试验中若发现表针摆动或被试品有异常声响、冒烟、冒火等，应立即降下电压，拉开电源，在高压侧挂上接地线后，再查明原因。

（10）试验结束，先对试品进行放电接地，然后进行拆线工作；拆线从电源侧往试品侧拆，最后拆除临时接地线。

（11）进行倍频耐压试验时，高压测量系统要采用高阻抗交流测量系统。

2.9.5 现场试验操作步骤

以交流耐压试验为例介绍操作步骤（以工频交流耐压试验为例）。

1. 准备工作

（1）在试验区域设置安全围栏，并向外悬挂"止步，高压危险"标示牌，试验区域的面积应能满足高压试验的安全要求。

（2）试验负责人应明确试验人员的分工和责任。

（3）选择电压等级和容量合适的控制箱、调压器、升压变压器、限流电阻、千伏表、保护球隙和电源闸刀等。

（4）大型变压器应充分放气，并将套管电流互感器二次回路短路接地。

（5）变压器被试绕组三相短路，其余绕组短路并与外壳一起接地，短路线应采用裸铜线，严禁采用保险丝。同时将高压试验测试专用线与被试绕组连接并引下接地。

（6）将试验变压器高压端连接保护电阻 R_1，将球隙保护装置高压端连接保护电阻 R_2。

（7）用千伏表专用电缆将高压分压器与千伏表连接。

（8）用专用接地线从被试品接地端引出，将试验变压器、工频交流控制箱、调压装置、高压分压器、千伏表及球隙保护装置的接地端相连；接地线应采用 $4mm^2$ 及以上的多股裸铜线或外覆透明绝缘层的铜质软绞线。

（9）用高压试验专用引线将试验变压器、工频交流控制箱、调压装置、千伏表及球隙保护装置相连，并挂上接地线。接线顺序为：先接球隙保护装置的保护电阻高压端，再接高压分压器的高压端，后接试验变压器保护电阻高压端，高压接线结束在高压侧挂上临时放电接地棒。

（10）高压引线接完，再连接试验变压器与调压装置、工频交流控制器，接线顺序为：先接试验变压器输入端再接调压装置输出端，然后连接调压装置输入端和工频交流控制器的输出端。

（11）连接带明显断开点的电源盘与动力电源箱的连线。

2. 试验装置可靠性确认

(1) 试验负责人检查试验接线，确认正确无误，试验负责人下令"非试验人员撤离试验现场，试验人员各就各位"。

(2) 试验操作人员将球隙保护按计算值进行设置，调整后将高压临时放电接地棒取下放在合适位置。

(3) 试验操作人员将千伏表的电源线与电源相连，打开电源确认千伏表显示正常并将功能键开关置于峰值除$\sqrt{2}$位置（在实际使用中按仪器说明书的要求进行操作）；将工频交流控制器的电源线与电源连接，打开电源确认工频交流控制器显示正常，汇报工作负责人"仪器、仪表正常，可以升压"。

(4) 试验负责人在确认仪器仪表显示正常后，对试验操作人员下令"50%击穿电压试验"。

(5) 试验操作人员复合"开始试验"；合上电源闸刀，将过流继电器设置在合适位置，合上高压启动键进行预升，等球隙放电后过流继电器动作，调压装置回零再升压，连续10次其中50%击穿，确认球隙的放电电压为1.15～1.2倍的试验电压。汇报工作负责人"试验装置及球隙保护装置工作正常"，试验负责人在确认后，下令"电压回零，切断电源"，试验操作人员操作调压装置至零，切断高压，断开仪器电源。试验操作人员汇报工作负责人"电压已回零，电源已断开"，试验负责人下令"放电！接地"。

(6) 用放电接地棒对高压进行放电，并直接接地。

3. 开始试验

(1) 将被试绕组的测量引线与地分开，并与试验高压引线相连。高压引线应悬空引接，必要时用绝缘物支撑。

(2) 试验负责人检查试验接线，确认正确无误，试验负责人下令"非试验人员撤离试验现场，试验人员各就各位"。

(3) 试验负责人下令"取下高压临时接地线"。试验人员取下放电接地棒，汇报试验负责人"接地线已拆除，可以试验"。

(4) 试验负责人下令"试验开始"。试验操作人员复合"开始试验"。试验负责人下令"合闸！加压"。试验操作人员合上仪器电源，启动高压，通知所有试验人员"注意！开始加压"。加压过程中应相互呼唱，升到试验电压时，操作人员汇报试验负责人"已升到试验电压"。

(5) 试验负责人下令"开始计时"；试验操作人员将工频交流控制器上的计时开关合上（工频交流控制器上没有计时功能就采用人工计时），试验人员读取试验数据，计时到最后10s下令降压。

(6) 操作人员开始降压至零，切断高压，断开仪器电源，汇报试验负责人"电压已回零，电源已断开"，试验负责人下令"放电！挂接地线"。

试验人员用放电棒进行放电，并挂上接地线。等充分放电后，汇报试验负责人："放电结束，接地线已挂上"。

4. 试验结束

(1) 试验负责人确认安全措施已做好，下令"试验结束，拆除试验接线"。

（2）拆除连接电源盘与动力电源箱的连线。

（3）试验人员将工频交流控制器、千伏表与电源的连线拆除。

（4）再拆除调压装置输入与工频交流控制器输出的连线，拆除千伏表与分压器的连线。

（5）拆除调压装置输出与试验变压器输入的连线。

（6）拆除与被试绕组的连接线，拆除高压试验连线。

（7）拆除试验变压器上的保护电阻；拆除球隙保护装置上的保护电阻。

（8）拆除试验装置接地线。

（9）拆除所有试验临时接线，将被试品恢复到试验前状态。

（10）拆除试验安全围栏，清理试验现场，做到"工完料尽场地清"。

2.10 红外成像测试

红外检测技术以其特有的非接触、实时快速、形象直观、准确度高、适用面广等一系列优点，备受国内外工业企业用户的青睐。目前，在工业生产过程、产品质量控制和监测、设备的在线故障诊断和安全防护以及节约能源等方面，红外检测技术都发挥着非常重要的作用。尤其是近 20 年来，随着科学技术的飞速发展，红外测温仪在技术上得到了迅速发展，其性能不断完善，功能不断增强，适用范围也不断扩大。

红外检测是一种非接触式在线监测的高科技技术，它集光电成像、计算机、图像处理等技术于一体，通过接收物体发射的红外线，将其温度分布以图像的方式显示于屏幕，从而使检测者能够准确判断物体表面的温度分布状况。具有实时、准确、快速、灵敏度高等优点。它能够检测出设备细微的热状态变化，准确反应设备内、外部的发热状况。对发现设备的早期缺陷及隐患非常有效。

2.10.1 专业术语

专业术语如下：

（1）温升。被测试设备表面温度和环境温度参照体表面温度之差。

（2）温差。不同被测试设备或同一被测试设备不同部位之间的温度差。

（3）相对温差。两个对应测点之间的温差与其中较热点的温升之比的百分数。

（4）环境温度参照体。用来采集环境温度的物体，它不一定具有当时的真实环境温度，但具有与被检测设备相似的物理属性，并与被检测设备处于相似的环境之中。

（5）一般检测。该检测适用与大面积电气设备红外检测。

（6）精确检测。该检测主要用于检测电压致热型和部分电流致热型设备的内部缺陷，以便对设备的故障进行精确判断。

（7）电压致热型设备。该设备由于电压效应引起发热的设备。

（8）电流致热型设备。该设备由于电流效应引起发热的设备。

（9）综合致热型设备。该设备既有电压效应，又有电流效应，或者电磁效应引起发热的设备。

2.10.2　检测原理

红外热像仪是利用红外探测器、光学成像物镜和光机扫描系统（目前先进的焦平面技术则省去了光机扫描系统）接收被测目标的红外辐射能量分布图形反映到红外探测器的光敏元件上。在光学系统和红外探测器之间，有一个光机扫描机构（焦平面热像仪无此机构）对被测物体的红外热像进行扫描，并聚焦在单元或分光探测器上，由探测器将红外辐射能量转换成电信号。经过放大处理、转换或标准视频信号通过屏幕显示出被测目标的红外热像图。这种热像图与物体表面的热场分布相对应，实质上就是被测目标物体各部分红外辐射的热像分布图由于信号较弱，与可见光图像相比，缺少层次和立体感。因此，在实际动作过程中更为有效的判断被测目标的红外热场分布，常采用一些其他辅助措施来增加仪器的实用功能，如图像亮度、对比度控制、伪彩色等技术。

红外热像仪的主要基本参数如下：

（1）空间分辨率。应用热像仪观测时，热像仪对目标空间形状的分辨能力。本行业中通常以毫弧度（mrad）的大小来表示。毫弧度的值越小，表明其分辨率越高。弧度值乘以半径约等于弦长，即目标的直径。如 1.3mrad 的分辨率意味着可以在 100m 的距离上分辨出 $1.3 \times 10^{-3} \times 100 = 0.13m = 13cm$ 的物体。

（2）温度分辨率。可以简单定义为仪器或使观察者能从背景中精确地分辨出目标辐射的最小温度 ΔT。民用热成像产品通常使用 NETD 来表述该性能指标。

（3）最小可分辨。温差分辨灵敏度和系统空间分辨率的参数，而且是以与观察者本身有关的主观评价参数，它的定义为：在使用标准的周期性测试卡（即高宽比为 7:1 的 4 带条图情况下，观察人员可以分辨的最小目标，背景温差，上述观察过程中，观察时间、系统增益、信号电平值等可以不受限制时调整在最佳状态。

（4）帧频。帧频是热像仪每秒钟产生完整图像的画面数，单位为 Hz。一般电视帧频为 25Hz。根据热像仪的帧频可分为快扫描和慢扫描两大类。电力系统所用的设备一般采用快扫描热像仪（帧频 20Hz 以上），否则就会带来一些工作不便。

2.10.3　检测影响因素

红外测温精度和可靠性与很多因素有关，如大气的影响、测试背景的影响、距离系数的影响、物体辐射率的影响、相邻设备热辐射的影响、工作波长区域范围的影响等。

1. 辐射率的影响

一切物体的辐射率都在波长范围内，其值的大小与物体的材料、形状、表面粗糙度、氧化程度、颜色、厚度等有关。总体上说红外测温装置从物体上接收到的辐射能量大小与该物体的辐射率成正比。实际被测物体与黑体的差别体现在辐射率、透射率和反射率上。它们在不同的温度和不同的波长条件下有不同的值。这些因素是红外测温仪器现场应用的主要测量误差来源，也是现场实际应用时的困难所在。

由于影响因素较多，因而提供的各类物体的辐射率也是参考值，而且限定在仪器规定的工作波长区域和测温范围内使用。

2. 邻近物体热辐射的影响

当邻近物体温度比被测物体的表面温度高很多或低很多，或被测物体本身的辐射率很低时，邻近物体的热辐射的反射将对被测物体的测量造成影响。由于反射等于一个负的辐射率，两种情况下都将有一个较大的反射辐射总量。被测物体温度越低，辐射率越小，来自邻近物体的辐射影响就越大。因此，需要进行校正，对长波段的仪器工作过程中，受到邻近物体热辐射严重干扰时，应考虑设置屏蔽等措施消除干扰。

3. 距离系数的影响

被测目标物体的距离只有满足红外测温仪器光学目标的范围，才能对物体进行准确的温度测量，目标物体的距离太远，仪器吸收到的辐射能减小，对温度不太高的设备接点检测十分不利。同时，仪器的距离系数不能满足远距离目标物体的检测要求时，在这种被测物体小于光学目标的条件下测温，一般都要造成较大的误差，当背景为天空时，还会出现负值温度。

因此进行红外测温时，一定要满足仪器本身距离系数的要求才能保证测温准确。

4. 大气吸收的影响

大气中的水蒸气（H_2O）、二氧化碳（CO_2）、臭氧（O_3）、氧化氮（NO）、甲烷（CH_4）、一氧化碳（CO）等气体分子是有选择地吸收一定波长的红外线的。辐射能量仍会被衰减。这种衰减过程的特征基于辐射能在大气中的吸收是有选择性的。通常，引起这种选择性吸收的是多原子极性气体分子，首先是水蒸气、二氧化碳和臭氧。大气吸收随空气湿度而变化，被测物体的距离越远，大气透射对温度测量的影响就越大。

因此，在室外进行红外测温诊断时，应在无雨、无雾，空气湿度最好低于75%的清新空气环境条件下进行，才能取得好的检测效果，便于对设备热缺陷的准确判断。

5. 太阳光辐射的影响

由于太阳光的反射和漫反射在红外线波长区域内，与红外测温仪器设定的波长区域接近，且它们的分布比例并不固定，极大地影响红外成像仪器的正常工作和准确判断。另一方面，太阳光的照射会使被测物体的温升叠加在被测设备的稳定温升上。

因此红外测温时最好选择在天黑或没有阳光的阴天进行，这样红外检测的效果相对要好得多。

6. 风力的影响

在风力较大的条件下，存在发热缺陷的设备的热量会被风力加速散发，使裸露导体及接触体的散热条件得到改善，而使热缺陷设备的温度下降。因此，在室外进行设备红外测温检查时，应在无风或风力很小的条件下进行。

2.10.4 检测注意事项

检测注意事项如下：

（1）检测目标及环境的温度不宜低于5℃，如果必须在低温下进行检测，应注意仪器自身的工作温度要求，同时还应考虑水汽结冰使某些进水受潮的设备的缺陷漏检。

（2）空气湿度不宜大于85%，不应在有雷、雨、雾、雪及风速超过0.5m/s的环境下进行检测。若检测中风速发生明显变化，应记录风速，必要时修正测量数据。

（3）室外检测应在日出之前、日落之后或阴天进行。

（4）室内检测宜闭灯进行，被测物应避免灯光直射。

2.10.5　现场实际操作

1. 准备工作

（1）了解现场试验条件，落实试验所需配合工作。

（2）组织作业人员学习作业指导书，使全体作业人员熟悉作业内容、作业标准、安全注意事项。

（3）了解被试设备出厂和历史试验数据，分析设备状况。

（4）准备试验用仪器仪表，所用仪器仪表良好，有校验要求的仪表应在校验周期内。

（5）检查测试仪器电池电量是否足够，满足测试所需。

2. 测试方法

（1）一般检测。

1）红外热像仪在开机后，需进行内部温度校准，在图像稳定后即可开始。

2）设置保存目录、被检测电气设备的辐射率（一般可取 0.9）、热像系统的初始温度量程（在环境温度加 10～20K 左右的温升范围内进行检测）。

3）有伪彩色显示功能的热像系统，宜选择彩色显示方式，并结合数值测温手段，如高温跟踪、区域温度跟踪等手段进行检测。应充分利用红外设备的有关功能达到最佳检测效果，如图像平均、自动跟踪。环境温度发生较大变化时，应对仪器重新进行内部温度校准（有自校除外），校准按仪器的说明书进行。

（2）精准检测。

1）精确检测时，设置检测温升所用的环境温度参照体应尽可能选择与被测设备类似的物体，且最好能在同一方向或同一视场中选择。

2）正确选择被测物体的辐射率（数值选取可参考：瓷套类选 0.92，带漆部位金属类选 0.94，金属导线及金属连接选 0.9）。

3）设置大气条件的修正模型，可将大气温度、相对湿度、测量距离等补偿参数输入，进行修正，并选择适当的测温范围。

4）在安全距离保证的条件下，红外仪器宜尽量靠近被检设备，使被检设备充满整个视场。以提高红外仪器对被检设备表面细节的分辨能力及测温精度，必要时，可使用中长焦距镜头，线路（500kV）检测一般需使用中长焦距镜头。

5）精确测量跟踪应事先设定几个不同的角度，确定可进行检测的最佳位置，并作上标记，使以后的复测仍在该位置，有互比性，提高作业效率。

6）保存红外测试图，对测试图进行编号记录，并记录异常设备的实际负荷电流和发热相、正常相及环境温度参照体的温度值

3. 试验结束

（1）试验负责人确认试验项目是否齐全。

（2）试验负责人检查实测值是否准确。

（3）清理试验现场，试验人员撤离。

2.10.6 判断方法

判断方法如下：

(1) 表面温度判断法。根据测得的设备表面温度值，对照规程关于设备和部件温度、温升极限的规定，结合环境气候条件、负荷大小进行判断。此方法主要适用于电流致热型和电磁效应引起发热的设备。

(2) 同类比较判断法。根据同组三相设备、同相设备之间及同类设备之间对应部分的温差进行比较分析。

(3) 相对温差判断法。主要适用于电流致热型设备。特别是对小负荷电流致热型设备，采用相对温差判断法可降低小负荷缺陷的漏判率。

(4) 档案分析判断法。分析同一设备不同时期的温度场分布，找出设备致热参数的变化，判断设备是否正常。

2.10.7 缺陷类型的确定及处理方法

红外检测发现的设备过热缺陷应纳入缺陷管理制度的范围，按照设备缺陷管理流程进行处理。根据过热缺陷对电气设备运行的影响程度分为以下三类。

(1) 一般缺陷。指设备存在过热，有一定温差，温度场有一定梯度，但不会引起事故的缺陷。这类缺陷一般要求记录在案，注意观察其缺陷的发展，利用停电机会检修，有计划的安排试验检修消除缺陷。

(2) 严重缺陷。指设备存在过热，程度较重，温度场分布梯度较大，温差较大的缺陷。这类缺陷应尽快安排处理。对电流致热型设备，应采取必要的措施，如加强检测等，必要时降低负荷电流；对电压致热型设备，应加强监测并安排其他测试手段，缺陷性质确认后，立即采取措施消缺。

(3) 危急缺陷。指设备最高温度超过规定的最高允许温度的缺陷。这类缺陷应立即安排处理。对电流致热型设备，应立即降低负荷电流或立即消缺；对电压致热型设备，当缺陷明显时，应立即消缺或退出运行，如有必要，可安排其他试验手段，进一步确定缺陷性质。电压致热型设备的缺陷一般定为严重及以上的缺陷。

2.10.8 案例

2.10.8.1 某地 1 号主变 110kV 套管接头过热

1. 案例内容

2010 年 5 月 14 日，某站运行人员对运行设备定期开展红外测温巡检时，发现 1 号主变 110kV 套管 C 相接头过热，温度达 80℃以上，A 相、B 相 40℃以下，根据红外导则规定（热点温度＞80℃或 $\delta \geqslant 95\%$），为危急缺陷。调阅 2010 年 4 月 30 日红外测温专业厂家精确测温档案，测试时间为当天晚上 10：00 左右，C 相接头温度为 29℃，A 相、B 相为 19℃，温差为 10℃，为一般缺陷。

为了确定设备缺陷性质，班组立即组织人员于 14—15 日连续对 1 号主变 110kV 套管三相接头温度进行动态红外测温，测试结果如表 2 - 1、图 2 - 27 所示。

表 2 - 1　　　　　　　　　　　　　　　　动态红外测温结果

测试时间	5月14日16：00	5月14日17：00	5月14日18：00	5月14日19：00	5月14日20：00	5月14日21：00	5月14日22：00	5月14日23：00	5月14日24：00	5月15日1：00	5月15日2：00
C相温度/℃	59	50	40	38	38	38	34	36	33	32	31
负荷电流/A	1077	933	747	750	732	699	660	672	597	612	609
I_x/I_e/%	49	42	34	34	33	32	30	31	27	28	28

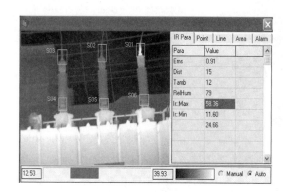 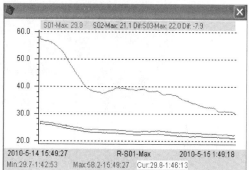

图 2 - 27　动态红外测温

C 相最高温度为 59℃，A 相、B 相 28℃左右，根据红外导则规定（热点温度＞55℃或 $\delta \geqslant 80\%$），为严重缺陷。

2. 测试条件

运行部门测试时间为 5 月 14 日 9：00 至 5 月 14 日 10：00，温度 C 相达 80℃以上，负荷电流 1167A，占额定电流 53%，为单日最大负荷时间段。修试部门测试时间 5 月 14 日 16：00 至 5 月 15 日 2：00，温度 C 相为 59～31℃、A 相、B 相为 28～22℃，负荷电流 1077～600A 之间，未达单日最大负荷时间段。以上负荷电流为主变 10kV 侧电流，额定电流 2199A；该变电站为内桥结构，当天由单条进线带 2 台主变，故无法测 110kV 侧电流值。

3. 判断结论

（1）从动态红外测温结果上反映出接头接触不良时，其温度变化与负荷电流呈非线性关系，30%额定负荷以下，温度随负荷电流的变化不明显；35%额定负荷以上，温度随负荷电流的增加将急剧上升，特别是即将进入迎峰度夏用电高峰期，负荷电流可能达到额定电流的 70%～80%左右，温度可能较快达到危急缺陷状态，故建议工区近期尽快安排消缺，保证设备正常、安全运行。

（2）建议对精确测温中发现一般缺陷的重要设备，列出清单，请运行部门在单日最大负荷时间段对此类设备进行监测，以便及时发现隐患并消除。

2.10.8.2　220kV 某变电站 2Q19 线耦容末屏断裂

2011 年 12 月 15 日上午 10：00 发生 220kV 某变电站 2Q19 线耦容高频信号中断告

警，保护班进入变电所进行高频通道消缺，经检查后发现从后台到现场结合滤波器均正常。晚上 8：00，高试接到通知对耦合电容器进行带电检查。到达现场后，班组人员采用红外测温的方法对耦合电容器进行检测，发现末屏温度异常，中心点温度高达 129℃，如图 2 - 28 所示。经向运行值班员了解，15 日上午进行手动高频信号每日例行巡查测试时发现高频信号中断，在此之前均为正常。

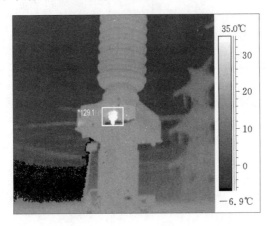

异常温度/℃	129.1
正常温度/℃	5
参照体温度/℃	4
温差/℃	125.1

图 2 - 28　中心点温度异常

根据《带电设备红外诊断应用规范》（DL/T 664—2008）规定，该设备已达到危急缺陷，应立即消缺或退出运行。

仔细查寻，发现 2Q19 线耦容末屏螺栓断裂，形成开路。从外观看，末屏小套管外层有放电污浊痕迹，且根据红外测试结果，末屏温度过高，继续运行，将导致耦容绝缘损坏，严重时将引起设备爆炸，存在重大安全隐患，如图 2 - 29 所示。

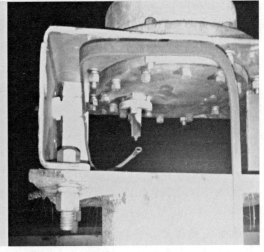

图 2 - 29　螺栓断裂图

紧急停电后，现场发现末屏螺栓断裂，且铜螺丝（及断口）有生锈腐蚀现象如图 2 - 30 所示。

56

图 2-30 铜螺丝生锈

初步判断末屏螺栓已断裂多时，由于当时末屏线头未完全脱开，通道测试正常。直至12 月 15 日上午 10：00，末屏线头完全脱开，导致通道中断，回路告警。

班组对 2Q19 线耦容进行了检查性试验，试验合格（2Q19 线耦容于 2009 年 9 月投产，投产后未进行过年检试验）。

2.11 电力设备的状态评价

2.11.1 电网设备状态信息收集工作标准

2.11.1.1 范围

本标准规定了电网设备状态信息收集的范围、工作依据、工作内容、工作要求、工作时限要求、评价及考核等内容。

2.11.1.2 工作内容

1. 管理要求

状态信息管理是状态评价与诊断工作的基础，涵盖设备信息收集、归纳和分析处理等全过程，应按照统一数据规范、统一报告模版，分级管理、动态考核的原则进行，落实各级设备状态信息管理责任，健全设备全过程状态信息管理工作机制，确保设备全寿命周期内状态信息的规范、完整和准确。

2. 状态信息分类

设备状态信息应包括设备全寿命周期内表征设备健康状况的资料、数据、记录等内容，按照生产过程可分为投运前信息、运行信息、检修试验信息、家族性缺陷信息等四类，认定并发布。

（1）投运前信息。投运前信息主要包括设备技术台账、设备监造报告、出厂试验报告、交接试验报告、安装验收记录、新扩建工程有关图纸等纸质和电子版资料。

（2）运行信息。运行信息主要包括设备巡视、维护、故障跳闸、缺陷记录，在线监测和带电检测数据，以及不良工况信息等。

（3）检修试验信息。检修试验信息主要包括例行试验报告、诊断性试验报告、专业化巡检记录、缺陷消除记录及检修报告等。

（4）家族性缺陷信息。家族性缺陷信息指经国家电网公司或各网省公司认定的同厂家、同型号、同批次设备（含主要元器件）由于设计、材质、工艺等共性因素导致缺陷的信息。

3. 状态信息管理

状态信息收集应按照"谁主管、谁收集"的原则进行，并应与调度信息、运行环境信息、风险评估信息等相结合。为保证设备状态信息的完整和安全，还应逐年做好历史数据的保存和备份。

（1）投运前信息管理。投运前信息由运维单位生产技术部门组织协调收集，设备投运后由基建、物资等部门移交生产，其中，设备技术台账、新扩建工程有关图纸等信息由运维单位收集并录入生产管理信息系统，出厂试验报告、交接试验报告、安装验收记录等信息由检修试验单位负责组织收集并录入生产管理信息系统。设备的原始资料应按照档案管理相关规定妥善保管。

（2）运行信息管理。运行信息由运维单位负责收集、整理，并录入生产管理信息系统。其中，设备巡视、操作维护、缺陷记录、在线监测和带电检测数据由运维单位收集和录入，故障跳闸、不良工况等信息从调度、气象等相关部门获取后录入生产管理信息系统。

（3）检修试验信息管理。检修试验信息由检修试验单位负责收集、整理，并录入生产管理信息系统，如设备为返厂检修，应从设备制造厂家获取检修报告和相关信息后录入生产管理信息系统。

（4）家族性缺陷信息管理。家族性缺陷应由国家电网公司或各网省公司在汇总各类缺陷信息后，组织相关专家进行统一认定后发布。各运维单位应在家族性缺陷公开发布后，负责完成生产管理信息系统中相关设备状态信息的变更，陷信息的收集、发布与上报情况。

2.11.1.3　工作时限要求

1. 时限要求

（1）家族性缺陷信息在公开发布一个月内，应完成生产管理信息系统中相关设备状态信息的变更和维护。

（2）投运前信息应由基建或物资部门在设备投运后一周内移交生产技术部门，并于一个月内录入生产管理信息系统。

（3）运行信息应即时录入生产管理信息系统。

（4）检修试验信息应在检修试验工作结束后一周内录入生产管理信息系统。

（5）设备及其主要元部件发生变更后，应在一个月内完成生产管理信息系统中相关信息的更新。

2. 信息收集

（1）投运前信息。

1）设备技术台账：设备双重名称、生产厂家、设备型号、出厂编号、生产日期、投运日期、设备详细参数（按 PMS 系统要求）、设备铭牌、外观照片、设备招标规范、订货技术协议、产品说明书及安装维护使用手册、产品组装图及零部件图、产品合格证、质保书、备品备件清单安装验收记录。

2）安装验收记录：土建施工安装记录、设备安装记录、设备调试记录、隐蔽工程图片记录及监理记录、监理报告、三级验收报告、竣工验收报告。

3）试验报告：型式试验报告、出厂试验报告、交接试验报告、启动调试报告、抽检试验报告。

4）图纸：主接线图、线路路径图、定位图、基础、构支架、土建图纸、设备安装组装图纸、二次原理图、安装图、回路图。

（2）运行信息。

1）巡视：设备外观检查、设备运行振动与声响、设备负荷情况、设备表计指示、位置指示、设备测温情况、设备阀门位置、切换、开关投切位置。

2）操作维护：设备停送电操作记录、设备自维护记录。

3）缺陷：缺陷时间、缺陷部位及描述、缺陷程度、缺陷原因分析、消缺情况。

4）故障跳闸：故障前设备运行情况、故障前负荷情况、短路电流水平及持续时间、开关动作情况及跳闸次数、保护动作情况、故障原因分析。

5）在线监测：油色谱在线监测数据、避雷器在线监测数据、互感器在线监测数据、GIS 设备在线监测数据、设备污秽在线监测数据、其他在线监测数据。

6）带电检测数据：红外、紫外成像检测数据，避雷器带电测试数据，不停电取油（气）样试验数据，其他带电检测数据。

（3）检修试验信息。

1）不良工况：收集高温、低温、雨、雪、台风、沙尘暴、地震、洪水等信息资料。

2）检修试验报告：例行试验报告、诊断性试验报告、专业化巡检记录、检修报告。

2.11.2 生产管理系统数据录入标准

2.11.2.1 工作内容

设备状态评价应按照《输变电设备状态检修试验规程》等技术标准，通过对设备状态信息收集、分析，确定设备状态和发展趋势。设备状态评价应坚持定期评价与动态评价相结合的原则，建立以地市公司三级评价为基础，以各级设备状态评价指导中心复核为保障的工作体系。

设备状态评价（含风险评估和检修决策）包括设备定期评价和设备动态评价。

（1）设备定期评价指每年为制定下年度设备状态检修计划，集中组织开展的电网设备状态评价、风险评估和检修决策工作。定期评价每年不少于一次。

（2）设备动态评价指除定期评价以外开展的电网设备状态评价、风险评估和检修决策工作，动态评价适时开展。主要内容包括：

1）新设备首次评价：基建、技改、大修设备投运后，综合设备出厂试验、安装信息、交接试验信息以及带电检测、在线监测数据，对设备进行的评价。

2）缺陷评价：包括运行缺陷评价和家族性缺陷评价。运行缺陷评价指发现运行设备缺陷后，根据设备相关状态量的改变，结合带电检测和在线监测数据对设备进行的评价；家族性缺陷评价指上级发布家族性信息后，对运维范围内存在家族性缺陷设备进行的评价。

3）不良工况评价：设备经受高温、雷电、冰冻、洪涝等自然灾害、外力破坏等环境影响以及超温、过负荷、外部短路等工况后，对设备进行的评价。

4）检修评价：设备经检修试验后，根据设备检修及试验获取的状态量对设备进行的评价。

5）特殊时期专项评价：各种重大保电活动、电网迎峰度夏、迎峰度冬前对设备进行的评价。

2.11.2.2 工作要求

1. 设备定期评价

按设备运维范围建立各级评价工作流程。地市公司编制设备状态检修综合报告，各级评价指导中心负责相应设备评价结果的复核工作。设备定期评价在地市公司三级评价的基础上，按照管辖范围逐级报送网省公司、国网公司复核。

三级评价（即班组评价、工区评价和地市公司评价）是设备评价的基础，其评价结果应能反映设备的实际状态，各单位必须加强设备评价的管理与培训，提高设备状态评价人员的能力和水平，确保设备评价工作质量。

（1）班组评价。设备运维及检修专业班组通过对设备各状态量的分析和评价，确定设备状态级别（正常状态、注意状态、异常状态或严重状态），形成班组初评意见。班组初评意见应包括设备铭牌参数、投运日期、上次检修日期、状态量检测信息、状态评价分值、状态评价结论、班组检修决策初步意见等。地市公司生产工区分别组织班组开展设备评价。

（2）工区评价。生产工区审核设备状态量信息及相关各专业班组的评价意见，并编制设备初评报告。设备初评报告内容应包括设备铭牌参数、投运日期、状态量检测信息、状态评价分值、状态评价结论及工区检修决策等。

（3）地市公司评价。地市公司组织各类专业管理人员对生产工区上报的设备初评报告进行审核，开展风险评估，综合相关部门意见形成本单位设备状态检修综合报告。设备状态检修综合报告内容应包括设备状态评价结果、风险评估结果、检修决策及审核意见等。地市公司220kV及以上电网设备状态检修综合报告以及评价结果为异常和严重状态的110（66）kV及以上电网设备的状态评价报告应报网省公司进行复核。

2. 设备动态评价

设备动态评价在地市公司进行三级评价，由地市公司根据评价结果安排相应的检修维护。特殊时期专项评价应按照定期评价流程开展，由地市公司上报电网设备状态检修综合报告以及评价结果为异常和严重状态的110（66）kV及以上设备状态评价报告；网省公司上报500（330）kV及以上电网设备状态检修综合报告以及评价结果为异常和严重状态的输电线路、变压器（电抗器）、断路器、GIS四类主设备的状态评价报告。

3. 风险评估

（1）风险评估应按照《国家电网公司输变电设备风险评估导则》的要求执行，结合设备状态评价结果，综合考虑安全性、经济性和社会影响等 3 个方面的风险，确定设备风险程度。风险评估与设备定期评价同步进行。

（2）风险评估工作由各地市公司生产技术部组织，财务、营销、安监、调度等部门共同参与，科学合理确定设备风险水平。

1）财务部门负责确定设备的价值。

2）营销部门负责确定设备的供电用户等级。

3）安监部门负责确定设备的事故损失预估。

4）调度部门负责确定设备在电网中的重要程度及事故影响范围。

4. 检修决策

检修决策应以设备状态评价结果为基础，参考风险评估结果，考虑电网发展、技术更新等要求，综合调度、安监部门意见，依据国家电网公司输变电设备状态检修导则等技术标准确定检修类别、检修项目和检修时间等内容。

（1）确定设备的检修等级（A、B、C、D、E）。

（2）确定设备的检修项目，包括设备必须进行的例行试验和诊断性试验项目，以及在停电检修前应开展的 D 类检修项目。

（3）确定设备检修时间，根据为设备状态评价结果，并依据《输变电设备状态检修试验规程》等技术标准和管理规定确定。

2.11.2.3　工作时限要求

1. 设备定期评价工作时限

（1）每年 8 月 1 日前，地市公司完成电网设备状态检修综合报告，其中 220kV 及以上电网设备状态检修综合报告上报网省公司复核。

（2）每年 8 月底前，网省公司完成地市公司上报状态检修综合报告的复核并反馈复核意见，完成异常和严重状态的 500（330）kV 及以上 4 类主设备状态检修综合报告的编制并上报国家电网公司。

（3）每年 9 月底前，国家电网公司完成上报设备状态检修综合报告的复核，并反馈复核意见。

2. 设备动态评价工作时限

（1）新投运设备应在 1 个月内组织开展首次状态评价工作，并在 3 个月内完成。

（2）运行缺陷评价随缺陷处理流程完成；家族性缺陷评价在上级家族性缺陷发布后 2 周内完成。

（3）不良工况评价在设备经受不良工况后 1 周内完成。

（4）检修（A、B、C 类）评价在检修工作完成后 2 周内完成。

（5）重大保电活动专项评价应在活动开始前至少提前 2 个月完成；电网迎峰度夏、度冬专项评价原则上分别在 4 月底和 9 月底前完成。

第3章 设备C级检修

3.1 110kV变压器C级检修

3.1.1 110kV变压器C级检修试验范围

本作业规定了110kV变压器C级检修电气试验的试验前准备、试验项目及标准要求,适用于110kV变压器C级检修电气试验工作。

3.1.2 110kV变压器C级检修试验前准备

1. 准备工作

(1) 根据试验性质、设备参数和结构,确定试验项目,编写现场电气试验执行卡。

(2) 了解现场试验条件,落实试验所需配合工作。

(3) 组织作业人员学习作业指导书,使全体作业人员熟悉作业内容、作业标准、安全注意事项。

(4) 了解被试设备出厂和历史试验数据,分析设备状况。

(5) 准备试验用仪器仪表,所用仪器仪表良好,有校验要求的仪表应在校验周期内。

2. 仪器仪表和设备

仪器仪表和设备包括:

兆欧表、介损测试仪、直流电阻测试仪、变压器短路阻抗测试仪、变压器绕组变形频响法测试仪、有载分接开关测试仪、温湿度。

3.1.3 110kV变压器C级检修试验项目和操作标准

1. 测试绕组连同套管的绝缘电阻、吸收比和极化指数

(1) 试验方法。使用不小于2500V兆欧表测量,变压器的外壳、铁芯、夹件、兆欧表的E端接地,非测量绕组和升高座TA的二次短路接地,被试绕组各引出端短接,接兆欧表L端进行测量。

(2) 标准要求。

1) 绝缘电阻值不低于产品出厂试验值的70%(交接)。

2) 吸收比、极化指数与产品出厂值(初值)相比应无明显差别。

3) 吸收比不小于1.3,或极化指数不小于1.5,或绝缘电阻不小于10000MΩ。

2. 测试绕组连同套管的介质损耗

(1) 试验方法。试验接线采用反接法。变压器的外壳、铁芯、夹件、高压介损电桥的外壳的E端接地,非测量绕组和升高座TA的二次短路接地。将变压器被测量绕组各引

出端短接，接入高压介损电桥 C_X。

（2）标准要求。

1）tanδ 值不应大于产品出厂值的 130%（交接）。

2）tanδ 不大于 0.008（状检）。

3. 测试电容型套管末屏对地的绝缘电阻

（1）试验方法。采用 2500V 兆欧表测量。

（2）标准要求。末屏对地的绝缘电阻不应低于 1000MΩ。

4. 测试电容型套管的介质损耗、电容量

（1）试验方法。试验接线采用正接法。将变压器被试套管相连的所有绕组端子连在一起加压，被试套管末屏与接地拆开，接入介损电桥低压信号端。被试套管测量结束，恢复套管末屏，测量变压器其他未试验套管接地。

（2）标准要求。

1）20℃时 tanδ 值应不大于 0.007（油浸纸）。

2）当电容型套末屏对地绝缘电阻小于 1000MΩ 时，应测量末屏对地 tanδ，不应大于 0.02（交接）、0.015（状检）。

3）电容型套管的电容值与出厂值或初值的差别超出±5%时，应查明原因。

5. 测试绕组电阻

（1）试验方法。绕组有中性点引出时，应测试各相对中性点的直流电阻，将被试绕组与中性点引出线接入直流电阻仪。对于带有载调压方式的绕组，测量所有分接挡位的直流电阻；带无载调压方式的绕组，只需测量运行分接挡位的直流电阻。

（2）标准要求。

1）三相绕组电阻同温下相互间的差别不应大于三相平均值的 2%，无中性点引出的绕组，线间差别不应大于三相平均值的 1%。

2）与出厂值或初值比较，其变化不应大于 2%。

6. 测试铁芯和夹件的绝缘电阻

（1）试验方法。绝缘电阻测量采用 2500V（老旧变压器 1000V）兆欧表，拆除铁芯（夹件）的外引出接地，测试铁芯（夹件）的绝缘电阻。

（2）标准要求。

1）持续时间为 1min，应无闪络及击穿现象。

2）绝缘电阻不小于 100MΩ（状检）。

7. 测试绕组低电压短路阻抗

（1）试验方法。对三线圈变压器，应进行以下方法：在高压绕组最高挡加压，短接低压绕组，中压绕组开路。每次测试前，都必须根据被试变压器参数对仪器进行设置，然后接通试验电源，进行测试；测试应在最大电压分接位置进行。

（2）标准要求。

1）在相同测试电流情况下，低电压短路阻抗测试结果与出厂值（初值）的偏差一般不大于 2%。

2）低电压短路阻抗测试电流一般不小 10A。

8. 试验项目：频响法绕组变形测试

（1）试验方法。

1）通过专用测试线将被试变压器的被试绕组引出端与测试仪的 3 个端口有效连接。

2）测试完毕对同一台变压器的三相频响曲线进行比较，若有前次测试数据则对同一台变压器的两次测试结果进行比较。

3）试验完成后，检查数据文件是否存妥，然后退出测试系统并依次关机，拆除试验接线。

4）测试应在最大电压分接位置进行。

（2）标准要求。谐振点频率无明显变化。

9. 测试有载分接开关试验

（1）试验方法。测量有载开关各相过渡电阻和接触电阻。将测试线夹在变压器的相应的绕组上，另一端分别插在对应的仪器面板插口上，开始测试，记录分接开关切换波形及时间。

（2）标准要求。

1）正反方向的切换程序与时间均应符合制造厂要求。

2）绝缘油注入切换开关油箱前，其击穿电压不小于 40kV(交接) 或不小于 30kV(状检)。

3）二次回路绝缘不小于 1MΩ。

3.1.4　110kV 变压器 C 级检修判断故障时可选用的试验项目

110kV 变压器 C 级检修判断故障时可选用的试验项目如下：

（1）变压器出口短路后可进行下列试验：

1）油中溶解气体分析。

2）绕组直流电阻。

3）短路阻抗。

4）绕组的频率响应。

5）空载电流和损耗。

（2）判断绝缘受潮可进行下列试验：

1）绝缘特性（绝缘电阻、吸收比、极化指数、$\tan\delta$、泄漏电流）。

2）绝缘油的击穿电压、$\tan\alpha$、含水量、含气量（500kV）。

3）绝缘纸的含水量。

3.1.5　110kV 变压器 C 级检修电气试验数据状态评价

1. 状态量

变压器（电抗器）状态评价以量化的方式进行，各部件起评分为 100 分，主状态量扣分总和不超过 80 分，辅助状态量扣分总和不超过 20 分。变压器（电抗器）的状态量和最大扣分值如表 3-1 所示。

2. 评价状态

（1）得分公式计算为

$$某一部件的得分＝(100－相应部件的扣分总和)×KF$$

对存在家族性缺陷的部件，取家族性缺陷系数 KF 为 0.95，否则为 1。

表 3-1   变压器 (电抗器) 的状态量和最大扣分值

序号	状态量名称	部件代号	状态量分类	最大扣分值
1	顶层油温	P1	主状态量	5
2	油位	P1/P2	主状态量	20
3	密封	P1/P2/P3	主状态量	15
4	短路电流	P1	主状态量	25
5	有载分接开关操作次数	P1	主状态量	15
6	冷却器污秽	P3	辅助状态量	10
7	接头温度	P2	主状态量	15
8	油箱温度	P1	辅助状态量	5
9	局部放电	P1	主状态量	25
10	油色谱	P1	主状态量	30
11	油微水	P1	主状态量	15
12	铁芯接地电流	P1	主状态量	30
13	油泵及风扇运行工况	P3	主状态量	15
14	套管泄漏电流	P2	主状态量	15
15	套管介质损耗因数和电容量	P2	主状态量	15

注 当一个状态量对应多个部件时,应分析最可能引起状态量变化的原因,然后确定应该扣分的部件。

(2) 各部件的评价结果按量化分值的大小分为"正常状态""注意状态"和"不良状态"3 个状态。分值与状态的关系如表 3-2 所示,变压器的得分和状态参照得分最低的部件。

表 3-2   变压器 (电抗器) 部件评价分值与状态的关系

部件	分 值 与 状 态		
	85～100 分	75～85 (含) 分	75 分及以下
本体	正常状态	注意状态	不良状态
套管	正常状态	注意状态	不良状态
冷却系统	正常状态	注意状态	不良状态

3. 处理原则

状态评价结果为"正常状态"设备,执行 D 类检修,对"注意状态""不良状态"设备,按《油浸式变压器 (电抗器) 状态评价导则》(Q/GDW—11—106—2010) 的要求进行状态评价及处理。

3.1.6 110kV 变压器 C 级检修典型案例

1. 主变直流电阻测量三相不平衡

某 110kV 变电站 1 号主变压器进行例行油色谱取样分析时发现,油色谱各组分含量均异常增长,总烃由 $9.79\mu L/L$ 增加到 $56.92\mu L/L$。2012 年 7 月 17 日,总烃离线数据增加到 $143.47\mu L/L$,接近注意值 ($150\mu L/L$)。2013 年 3 月 3～15 日,对该变压器实施带大负荷试验。通过对色谱数据进行三比值法分析,以及根据总烃含量与负荷的关联关系,试验人员判断故障类型是 700℃ 以上的高温过热故障,且是电流致热。

试验人员利用停电诊断性试验加以辅助分析。试验结果表明:铁芯夹件绝缘良好,绕组的介损、电容量和变比试验数据正常。高、低压侧的直流电阻三相平衡符合要求,然而中压侧在运行挡位第五挡测得的直流电阻数据异常,对无载励磁开关进行调挡操作后断续测量,数据如表 3-3 所示,发现无载励磁开关调挡操作前 A 相直流电阻明显大于其他相。

表 3-3　　　　　　　　　　　　　　中压侧直流电阻测试数据

挡位	Am0/mΩ	Bm0/mΩ	Cm0/mΩ	误差/%	备注
5	56.60	51.31	51.55	9.9	无载励磁开关调挡操作前
1	51.43	51.13	51.62	0.95	无载励磁开关调挡操作后
2	49.08	49.33	49.65	1.15	无载励磁开关调挡操作后
3	46.77	46.74	46.72	0.06	无载励磁开关调挡操作后
4	48.98	49.15	49.36	0.77	无载励磁开关调挡操作后
5	51.33	51.54	52.03	1.36	无载励磁开关调挡操作后

变压器中压侧无载励磁开关调挡操作前运行挡位第五挡相间误差达到 9.9%，严重超出标准（2% 为警示值），因此可以判断中压侧回路存在接触不良故障。无载励磁开关调挡操作后运行挡位第五挡相间误差为 1.36%，数据符合规定要求，因此判断故障位置在无载励磁开关静触头上，由于操作后无载励磁开关触头接触表面的氧化膜、碳化膜和油垢被清除，接触电阻下降。

2013 年 5 月，在停电的情况下，检修人员从人孔进入变压器，对变压器故障进行排除。检修人员发现无载励磁开关 A 相静触头因发热变成黑色，且表面有放电痕迹，如图 3-1、图 3-2 所示。

图 3-1　无载励磁开关 A 相静触头

图 3-2　无载励磁开关 A 相静触头解体图

从图 3-1、图 3-2 中可以知道变压器故障类型与故障部位和之前分析的一致，可采取更换无载励磁开关 A 相静触头的处理方法，更换后中压侧的直流电阻数据如表 3-4 所示。

表 3-4　　　　　　　　　　　　　　更换后中压侧的直流电阻数据

挡位	Am0/mΩ	Bm0/mΩ	Cm0/mΩ	误差/%	备注
5	50.55	50.07	50.17	0.339	更换 A 相静触头后

由此可知，中压侧直流电阻符合电力设备预防性试验规程要求。将该主变压器的真空滤油、变压器本体热油循环后，并进行相应的修后试验，各项数据合格，并重新投入运行。

2. 主变套管末屏接地不可靠

3 月 19 日，某变电站 2 号主变压器年检试验过程中，220kV 套管 B、O 相末屏盖板难以拧开，初步怀疑套管末屏内部放电使盖板螺纹错纹粘合。最后将末屏盖板锯断，发现末屏内部放电严重，表面发黑腐蚀破损，如图3-3、图3-4所示。

图3-3　套管末屏内部放电严重　　　　　图3-4　磨平锯开后表面发黑腐蚀

此类套管末屏为某公司早期产品，末屏接地方式是靠与外面的盖板连接而接地，若盖板盖合不到位会导致套管末屏接地不可靠。若不及时发现该情况，套管在末屏悬浮状态下长期运行易引发故障。

将情况汇报上级部门，于次日对220kV、110kV高压套管末屏进行整体更换，更换后介损试验、绝缘电阻试验均合格，主变于当日顺利复役。

3. 主变套管介损不合格

2009年3月，110kV某变电站年检时，在进行1号主变压器110kV单套管介损试验时，发现结果异常，试验数据如表3-5所示。

介损呈明显增长趋势，A相更甚。后采取了对瓷套外表面反复擦拭、干燥等处理方法，复测结果如表3-6所示。

表3-5　　　　　　　　　　　　试　验　数　据

相别	上次试验数据			本次试验数据		
	末屏绝缘 /MΩ	介损 /%	电容量 /pF	末屏绝缘 /MΩ	介损 /%	电容量 /pF
A	2500+	0.234	309.9	2500+	0.942	309.1
B	2500+	0.233	311.0	2500+	0.424	309.9
C	2500+	0.246	311.6	2500+	0.465	310.6
O	2500+	0.222	384.7	2500+	0.279	384.7

表3-6　　　　　　　　　　　　复　测　结　果

相别	处　理　前			处　理　后		
	末屏绝缘 /MΩ	介损 /%	电容量 /pF	末屏绝缘 /MΩ	介损 /%	电容量 /pF
A	2500+	0.942	309.1	2500+	0.921	309.1
B	2500+	0.424	309.9	2500+	0.318	309.9
C	2500+	0.465	310.6	2500+	0.351	310.7
O	2500+	0.279	384.7	2500+	0.279	384.7

其中 A 相介损还是达到了 0.921%，增长了 4 倍，接近 1.0% 的上限，但电容量变化不大、可基本判断为不合格。一开始怀疑是该相套管法兰接地不良，后专门从电桥引一根接地线连接至该法兰，测试结果基本不变。咨询厂家，厂家反馈该类型缺陷已碰到多例，建议对该套管将军帽分解处理，理由是：该类型套管将军帽比较特殊，无放油阀，内部有类似油枕的呼吸器结构，且上盖帽可以打开，可能因连续阴雨，上盖帽下方积聚了较多的水汽导致。解体过程中确实发现上盖帽边缘有比较多的水迹，而另外三相无此现象。处理后，数据如表 3-7 所示。

表 3-7   处 理 后 数 据

型号	COT550-800	主变单套管			
型号	COT550-800	高压侧 A	$\tan\delta$/%	0.234	0.266
生产厂家	×××××公司		C_X/pF	309.9	309.1
生产日期	2006 年 12 月		C_N/pF	306	306
生产编号	061464		Δ/%	1.27	1.01
			末屏/MΩ	10000	2500+
型号	COT550-800	高压侧 B	$\tan\delta$/%	0.233	0.318
生产厂家	×××××公司		C_X/pF	311	309.9
生产日期	2006 年 12 月		C_N/pF	307	307
生产编号	061463		Δ/%	1.30	0.94
			末屏/MΩ	10000	2500+
型号	COT550-800	高压侧 C	$\tan\delta$/%	0.246	0.351
生产厂家	×××××公司		C_X/pF	311.6	310.7
生产日期	2006 年 12 月		C_N/pF	308	308
生产编号	061466		Δ/%	1.17	0.85
			末屏/MΩ	10000	2500+
型号	COT325-800	中性点 O	$\tan\delta$/%	0.222	0.279
生产厂家	×××××公司		C_X/pF	384.7	384.7
生产日期	2006 年 11 月		C_N/pF	380	380
生产编号	060604		Δ/%	1.24	1.24
			末屏/MΩ	10000	2500+

3.2　110kV SF$_6$ 断路器 C 级检修

3.2.1　110kV SF$_6$ 断路器 C 级检修范围

本作业指导书规定了 110kV SF$_6$ 断路器 C 级检修电气试验前准备、试验项目及标准要求，适用于 110kV SF$_6$ 断路器 C 级检修电气试验工作。

3.2.2 110kV SF₆ 断路器 C 级检修试验前准备

1. 准备工作

（1）根据试验性质、设备参数和结构，确定试验项目。

（2）了解现场试验条件，落实试验所需配合工作。

（3）组织作业人员学习作业指导书，使全体作业人员熟悉作业内容、作业标准、安全注意事项。

（4）了解被试设备出厂和历史试验数据，分析设备状况。

（5）准备试验用仪器仪表，所用仪器仪表良好，有校验要求的仪表应在校验周期内。

2. 仪器仪表和设备

仪器仪表和设备包括：

万用表、兆欧表、回路电阻测试仪、断路器特性测试仪、温湿度计。

3. 危险点分析和预控措施

（1）作业人员进入作业现场不戴安全帽，不穿绝缘鞋，操作人员没有站在绝缘垫上可能会发生人员伤害事故。因此，进入试验现场，试验人员必须正确佩戴安全帽，穿绝缘鞋，操作人员站在绝缘垫上。

（2）作业人员进入作业现场可能会发生走错间隔及与带电设备保持距离不够情况。因此，开始试验前，负责人应对全体试验人员详细说明试验中的安全注意事项。根据带电设备的电压等级，试验人员应注意保持与带电体的安全距离不应小于《国家电网公司电力安全工作规程》（以下简称《安规》）中规定的距离。

（3）高压试验区不设安全围栏或安全围栏有缺口，会使非试验人员误入试验场地，造成触电。因此，试验区应装设专用遮栏或围栏，应向外悬挂"止步，高压危险！"的标示牌，并有专人监护，严禁非试验人员进入试验场地。

（4）加压时无人监护，升压过程不呼唱，可能会造成误加压或非试验人员误入试验区，造成人员触电或设备损坏。因此，试验过程应派专人监护，升压时进行呼唱，试验人员在试验过程中注意力应高度集中，防止异常情况的发生。当出现异常情况时，应立即停止试验，查明原因后，方可继续试验。试验人员应站在绝缘垫上。

（5）登高作业可能会发生高空坠落和设备损坏。因此，工作中如需使用登高工具时，应做好防止设备损坏和人员高空摔跌的安全措施。

（6）试验设备接地不良，可能会造成试验人员伤害或仪器损坏。因此，试验器具的接地端和金属外壳应可靠接地，试验仪器与设备的接线应牢固可靠。

（7）忘记断开试验电源，忘记挂接地线，可能会对试验人员造成伤害。因此，遇异常情况、变更接线或试验结束时，应首先将电压回零，然后断开电源侧刀闸，并在试品和加压设备的输出端充分放电并接地。

（8）试验设备和被试设备因不良气象条件和外绝缘脏污引起外绝缘闪络。因此，高压试验应在天气良好的情况下进行，遇雷雨大风等天气应停止试验，禁止在雨天和湿度大于80%时进行试验，保持设备绝缘清洁。

（9）断口并联电容试验时，由于系统感应电可能会造成对试验人员和设备的伤害。因此，试验前应测量感应电压，接线时试品接地应良好，保证试验人员的安全和试验设备不被损坏。

（10）注意分、合闸线圈铭牌标注的额定动作电压，造成低电压试验误加电压使线圈损坏。因此，核对分、合闸线圈铭牌，注意控制试验加压范围。

（11）分、合闸试验时，可能会造成检修人员人身伤害事故。因此，在试验中，应停下与此断路器相连设备（如电流互感器等）的工作，并提醒相关工作人员。

（12）外接直流电源进行试验时，可能会串入运行直流系统，造成系统跳闸事故。因此，试验前须将断路器的二次控制回路的直流电源拉掉。

（13）试验完成后没有恢复设备原来状态导致事故发生。因此，试验结束后，恢复被试设备原来状态，进行检查和清理现场。

3.2.3　110kV SF$_6$ 断路器 C 级试验项目和操作标准

1. 测试绝缘电阻

（1）试验方法。将 SF$_6$ 断路器分闸，使用 2500V 兆欧表测量每相的绝缘拉杆的绝缘电阻，读取 60s 的测量值。

（2）标准要求。绝缘电阻应不小于 5000MΩ。

2. 测试导电回路电阻

（1）试验方法。将 SF$_6$ 断路器合闸，将导电回路测试仪试验线接至断路器一次接线端上，电压线接在内侧，电流线接在外侧。如采用直流压降法测量，则电流应不小于 100A。

（2）标准要求。导电回路电阻值应符合制造厂的规定，运行中断路器的回路电阻不大于交接试验值的 1.2 倍。

3. 测试分、合闸电磁铁的动作电压

（1）试验方法。将直流电源的输出经刀闸分别接入断路器二次控制线的合闸或分闸回路中，在一个较低电压下迅速合上并拉开直流电源出线刀闸，断路器不会动作，逐步提高此电压值，重复以上步骤，当断路器正确动作时，记录此前的电压值。则分别为合、分闸电磁铁的最低动作电压值第二分闸回路，也应测量最低动作电压。

（2）标准要求。

1）在额定操作电源电压的 85%～110% 范围内，应可靠合闸。

2）在额定操作电源电压的 65%～110% 范围内，应可靠分闸。

3）采用一次励磁加压法。

4. 分、合闸线圈直流电阻

（1）试验方法。使用单臂电桥测量分合闸电磁铁线圈的直流电阻。

（2）标准要求。在出厂值的 ±10%。

3.2.4　110kV SF$_6$ 断路器 C 级检修电气试验数据状态评价

1. 状态量

断路器状态评价以量化的方式进行，各部件起评分为 100 分，主状态量扣分总和不超

过 80 分，辅助状态量扣分总和不超过 20 分。断路器的状态量和最大扣分值如表 3－8
所示。

表 3－8 变压器（电抗器）的状态量和最大扣分值

序　号	状态量名称	部件代号	状态量分类	最大扣分值
主状态量				
1	累计开断故障电流（或 I^2t）	P1	主状态量	40
2	累计机械操作次数	P2	主状态量	40
3	套管外绝缘	P1	主状态量	20
4	SF_6 气体泄漏	P1	主状态量	40
5	SF_6 气体含水量	P1	主状态量	40
6	分合闸操作	P2	主状态量	20
7	分闸动作电压	P2	主状态量	40
8	合闸动作电压	P2	主状态量	30
9	合闸同期性	P2	主状态量	20
10	分闸同期性	P2	主状态量	20
11	分合闸时间	P2	主状态量	20
12	分合闸速度	P2	主状态量	20
13	回路电阻	P1	主状态量	20
14	导电连接点的相对温差或温升	P1	主状态量	40
15	液压或气动机构启动次数	P2	主状态量	20
16	液压或气动机构渗漏油（气）	P2	主状态量	30
17	断口电容器介损	P1	主状态量	40
18	断口电容器电容量	P1	主状态量	40
19	断口电容器渗漏油	P1	主状态量	40
20	合闸电阻阻值	P1	主状态量	20
21	合闸电阻投入时间	P1	主状态量	20
22	拐臂、连杆、拉杆	P2	主状态量	40
23	机构弹簧外观	P2	主状态量	40
24	回路中三相不一致或防跳功能	P2	主状态量	40
辅助状态量				
1	密度继电器	P3	辅助状态量	20
2	压力表	P3	辅助状态量	10
3	压力开关	P2	辅助状态量	20
4	机构控制或辅助回路绝缘	P2	辅助状态量	15
5	机构箱密封	P2	辅助状态量	10
6	辅助开关投切状况	P2	辅助状态量	10
7	控制和辅助回路元器件工作状态	P2	辅助状态量	15

序 号	状态量名称	部件代号	状态量分类	最大扣分值
	辅助状态量			
8	金属件	P1/P2/P3	辅助状态量	10
9	构架和基础	P3	辅助状态量	20
10	接地	P3	辅助状态量	20
11	防凝露加热器、动作计数器、机械指示工作状态	P3	辅助状态量	5

注 当一个状态量对应多个部件时，应分析最可能引起状态量变化的原因，然后确定应该扣分的部件。

2. 评价状态

某一部件的实际得分 MP（$P=1$，3）$=100-$相应部件的扣分总和。

各部件的评价结果按量化分值的大小分为"良好状态""正常状态""注意状态""异常状态"和"重大异常状态"5 个状态。分值与状态的关系如表 3-9 所示。

表 3-9　　　　　　　　变压器（电抗器）部件评价分值与状态的关系

部件	95（含）~100 分	85（含）~95 分	75（含）~85 分	60（含）~75 分	60 分以下
本体	良好状态	正常状态	注意状态	异常状态	重大异常状态
操动系统及控制回路	良好状态	正常状态	注意状态	异常状态	重大异常状态
辅助系统	良好状态	正常状态	注意状态	异常状态	

（1）当断路器所有部件的得分在正常状态及以上时，断路器的最后得分计算为：断路器的最后得分 $=\sum KP \times MP$（$P=1$，3）。

（2）当断路器所有部件中有一个得分在注意状态及以下时，断路器的最后得分按得分最低的部件计算。

3. 处理原则

状态评价结果为"正常状态"设备，执行 D 类检修，对"注意状态""不良状态"设备，按 Q/GDW—11—106—2010 的要求进行状态评价及处理。

3.3　10kV 真空断路器 C 级检修

3.3.1　10kV 真空断路器 C 级检修范围

本作业指导书规定了 10kV 真空断路器 C 级检修电气试验前准备、试验项目及标准要求，适用于 10kV 真空断路器 C 级检修电气试验工作。

3.3.2　10kV 真空断路器 C 级检修试验前准备

1. 准备工作

（1）根据试验性质、设备参数和结构，确定试验项目。

（2）了解现场试验条件，落实试验所需配合工作。

（3）组织作业人员学习作业指导书，使全体作业人员熟悉作业内容、作业标准、安全注意事项。

（4）了解被试设备出厂和历史试验数据，分析设备状况。

（5）准备试验用仪器仪表，所用仪器仪表良好，有校验要求的仪表应在校验周期内。

2. 仪器仪表和设备

仪器仪表和设备包括：

万用表、兆欧表、回路电阻测试仪、断路器特性测试仪、温湿度计、交流耐压成套装置。

3. 危险点分析和预控措施

（1）作业人员进入作业现场不戴安全帽，不穿绝缘鞋，操作人员没有站在绝缘垫上可能会发生人员伤害事故。因此，进入试验现场，试验人员必须正确佩戴安全帽，穿绝缘鞋，操作人员站在绝缘垫上。

（2）作业人员进入作业现场可能会发生走错间隔及与带电设备保持距离不够情况。因此开始试验前，负责人应对全体试验人员详细说明试验中的安全注意事项。根据带电设备的电压等级，试验人员应注意保持与带电体的安全距离不应小于《安规》中规定的距离。

（3）高压试验区不设安全围栏或安全围栏有缺口，会使非试验人员误入试验场地，造成触电。因此，试验区应装设专用遮栏或围栏，应向外悬挂"止步，高压危险!"的标示牌，并有专人监护，严禁非试验人员进入试验场地。

（4）加压时无人监护，升压过程不呼唱，可能会造成误加压或非试验人员误入试验区，造成人员触电或设备损坏。因此，试验过程应派专人监护，升压时进行呼唱，试验人员在试验过程中注意力应高度集中，防止异常情况的发生。当出现异常情况时，应立即停止试验，查明原因后，方可继续试验。试验人员应站在绝缘垫上。

（5）登高作业可能会发生高空坠落和设备损坏。因此，工作中如需使用登高工具时，应做好防止设备损坏和人员高空摔跌的安全措施。

（6）试验设备接地不良，可能会造成试验人员伤害或仪器损坏。因此，试验器具的接地端和金属外壳应可靠接地，试验仪器与设备的接线应牢固可靠。

（7）忘记断开试验电源，忘记挂接地线，可能会对试验人员造成伤害。因此，遇异常情况、变更接线或试验结束时，应首先将电压回零，然后断开电源侧刀闸，并在试品和加压设备的输出端充分放电并接地。

（8）试验设备和被试设备因不良气象条件和外绝缘脏污引起外绝缘闪络。因此，高压试验应在天气良好的情况下进行，遇雷雨大风等天气应停止试验，禁止在雨天和湿度大于80%时进行试验，保持设备绝缘清洁。

3.3.3 10kV 真空断路器 C 级检修试验项目和操作标准

1. 测试绝缘电阻

（1）试验方法。将 SF_6 断路器分闸，使用 2500V 兆欧表测量每相的绝缘拉杆的绝缘电阻，读取 60s 的测量值。

（2）标准要求。绝缘电阻应不小于 $5000M\Omega$。

2. 测试导电回路电阻

（1）试验方法。将 SF_6 断路器合闸，将导电回路测试仪试验线接至断路器一次接线端上，电压线接在内侧，电流线接在外侧。如采用直流压降法测量，则电流应不小于 100A。

（2）标准要求。导电回路电阻值应符合制造厂的规定，运行中断路器的回路电阻不大于交接试验值的 1.2 倍。

3. 测试耐压试验

（1）试验方法。

1）罐式断路器应进行对地和断口交流耐压试验，对地交流耐压试验在分闸状态下分二次进行，一侧加压另一侧接地。

2）瓷柱式定开距型断路器应进行断口间耐压试验。

（2）标准要求。采用交流或操作冲击，幅值为出厂试验值的 80%。试验部位对地（合闸状态）、断口间（分闸状态）。交流耐压时间为 60s，频率不超过 400Hz。

4. 测试分、合闸电磁铁的动作电压

（1）试验方法。将直流电源的输出经刀闸分别接入断路器二次控制线的合闸或分闸回路中，在一个较低电压下迅速合上并拉开直流电源出线刀闸，断路器不会动作，逐步提高此电压值，重复以上步骤，当断路器正确动作时，记录此前的电压值。则分别为合、分闸电磁铁的最低动作电压值第二分闸回路，也应测量最低动作电压。

（2）标准要求。

1）在额定操作电源电压的 85%～110% 范围内，应可靠合闸。

2）在额定操作电源电压的 65%～110% 范围内，应可靠分闸。

3）采用一次励磁加压法。

5. 测试分、合闸线圈直流电阻

（1）试验方法。使用单臂电桥测量分合闸电磁铁线圈的直流电阻。

（2）标准要求。直流电阻与出厂值比较应无明显差别或符合制造厂规定。

3.3.4 110kV 真空断路器 C 级检修典型案例

此案例主要介绍 10kV 开关静触头发热故障。

2012 年 5 月 29 日，在对 110kV 某变电站年检试验过程中，发现 10kV 主变压器开关回路电阻试验不合格。三相试验数据如表 3-10 所示。

表 3-10　　　　　　　　　　三　相　试　验　数　据

设备名称	A/μΩ	B/μΩ	C/μΩ	厂家标准/μΩ
1 号主变压器 10kV 开关	76	1354	68	≤120

检查发现，固定静触头的 M10 内六角螺栓螺纹根部有损伤的情况，通过尺寸测量，螺栓长度为 75mm，其中螺栓螺纹只有 30mm，无螺纹部分的螺杆长达 45mm，而触头盒内螺纹 35mm，静触头厚度 20mm，双铜排厚度 20mm，所以螺杆偏长，螺栓无法起到紧

固静触头的作用，导致接触压力不足，通过大电流情况下发热严重危及设备健康运行，如图 3-5～图 3-8 所示。

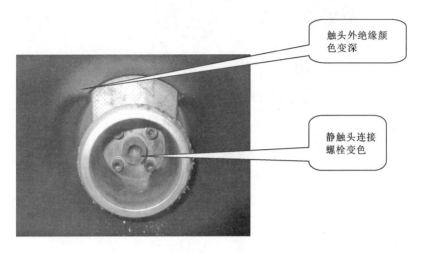

图 3-5　开关静触头

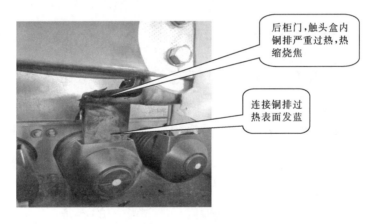

图 3-6　开关后柜门热缩套烧焦

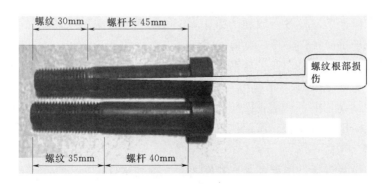

图 3-7　开关静触头连接螺栓

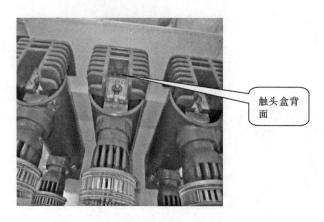

触头盒背面

图 3-8　开关触头盒背面图

处理为：及时更换该批次静触头紧固螺栓，更换母线铜排及热缩套管，复测后回路电阻试验合格、三相平衡，数据如表 3-11 所示。

表 3-11　　　　　　　　　　　　三　相　试　验　数　据

设备名称	$A/\mu\Omega$	$B/\mu\Omega$	$C/\mu\Omega$	厂家标准$/\mu\Omega$
1号主变压器 10kV 开关	55	52	48	≤120

3.4　110kV 电压互感器 C 级检修

3.4.1　110kV 电压互感器 C 级检修电气试验的范围

本作业规定了 110kV 电容式电压互感器 C 级检修电气试验的试验前准备、试验项目及标准要求，适用于 110kV 电容式电压互感器 C 级检修电气试验工作。

3.4.2　110kV 电压互感器 C 级检修电气试验前的准备

1. 准备工作

（1）根据试验性质、设备参数和结构，确定试验项目，编写现场电气试验执行卡。

（2）了解现场试验条件，落实试验所需配合工作。

（3）组织作业人员学习作业指导书，使全体作业人员熟悉作业内容、作业标准、安全注意事项。

（4）了解被试设备出厂和历史试验数据，分析设备状况。

（5）准备试验用仪器仪表，所用仪器仪表良好，有校验要求的仪表应在校验周期内。

2. 仪器仪表和设备

仪器仪表和设备包括：温湿度计、兆欧表、介损测试仪。

3. 危险点分析和预控措施

（1）作业人员进入作业现场不戴安全帽，不穿绝缘鞋，试验操作人员不站在绝缘垫上操作可能会发生人身伤害事故。因此进入试验现场，试验人员必须正确佩戴安全帽，穿绝缘鞋，试验操作人员应站在绝缘垫上操作。

（2）作业人员进入作业现场可能会发生走错间隔及与带电设备保持距离不够情况。因此开始试验前，负责人应对全体试验人员详细说明试验中的安全注意事项。根据带电设备的电压等级，试验人员应注意保持与带电体的安全距离不应小于《安规》中规定的距离。

（3）高压试验区不设安全围栏或安全围栏有缺口，会使非试验人员误入试验场地，造成触电。因此高压试验区应装设专用遮栏或围栏，向外悬挂"止步，高压危险！"的标示牌，并有专人监护，严禁非试验人员进入试验场地。

（4）加压时无人监护，升压过程不呼唱，可能会造成误加压或设备损坏，人员触电。因此试验过程应派专人监护，升压时进行呼唱，试验人员在试验过程中注意力应高度集中，防止异常情况的发生。当出现异常情况时，应立即停止试验，查明原因后，方可继续试验。

（5）登高作业可能会发生高空坠落或设备损坏。因此工作中如需使用登高工具时，应做好防止设备件损坏和人员高空摔跌的安全措施。

（6）试验中接地不良，可能会造成试验人员伤害和仪器损坏。因此试验器具的接地端和金属外壳应可靠接地，试验仪器与设备的接线应牢固可靠。

（7）不断开电源，不挂接地线，可能会对试验人员造成伤害。因此遇异常情况、变更接线或试验结束时，应首先将电压回零，然后断开电源侧刀闸，并在试品和加压设备的输出端充分放电并接地。

（8）试验设备和被试设备因不良气象条件和表面脏污引起外绝缘闪络。因此试验应在天气良好的情况下进行，遇雷雨大风等天气应停止试验，禁止在雨天和湿度大于 80% 时进行试验，保持设备绝缘表面清洁。

（9）电容式电压互感器的接地端损坏。因此测试一体式的电容式电压互感器时，特别要注意将中间变压器的一次低压端 X 可靠接地。

（10）二次回路开关未拉开或未取下二次熔丝，会造成二次倒送电。因此必须确认已拉开二次开关或取下二次熔丝。

（11）电容式电压互感器的中间压变一次绕组损坏。因此在进行中间压变自励磁法测量电容器单元的电容量及介质损耗时，其余非加压的二次绕组需开路，同时严格控制励磁电流。

（12）试验完成后没有恢复设备原来状态导致事故发生。因此试验结束后，恢复被试设备原来状态，进行检查和清理现场。

（13）在电容式电压互感器二次回路箱内拆线后恢复时接线错误导致事故发生。因此在电容式电压互感器二次回路箱内拆线时应做好标记，以谁拆谁恢复的原则恢复接线。

（14）高压试验引线连接不可靠，可能会造成对试验人员和设备的伤害。因此高压试验引线与被试部分应连接牢固，必要时应加以支撑固定，并检查试验引线对周围及地保持足够的安全距离。

3.4.3 110kV 电压互感器 C 级检修电气试验项目和操作标准

1. 测量电容分压单元及中间变压器各侧绕组绝缘电阻及 N 端、X 端的绝缘电阻

（1）试验方法。

1）采用 2500V 兆欧表测量电容单元各元件极间的绝缘电阻，低压端有引出的用 1000V 兆欧表测量。

2）对各电容器单元极间、中间变压器各二次绕组、N 端、X 端逐一测量。测量二次绕组绝阻时其他绕组及端子应接地，时间应持续 60s。

（2）标准要求。

1）极间绝缘电阻不小于 5000MΩ。

2）一次绕组对二次绕组及外壳、各二次绕组间及其对外壳的绝缘电阻不低于 1000MΩ（交接）。

3）二次绕组绝缘电阻≥10MΩ（状检）。

2. 测量电容单元 tanδ 及电容量

（1）试验方法。

1）对于电容单元与电磁单元可以拆开的，电容单元各元件的电容量及 tanδ 应分别测试，建议尽量采用正接法测试，试验施加电压为交流 10kV。中间变压器高压端额定电压大于 20kV 应测量中间变压器的电容量及介质损耗，施加的电压以被试中间压变的引出套管的绝缘强度以及容量来决定，一般不超过交流 3kV。

2）对于电容单元与电磁单元无法拆开的，即一体式的电容式电压互感器，可采用在中间变压器二次加压使其励磁，采用自励法接线分别测量电容单元各元件的电容量及 tanδ。

（2）标准要求。

1）测得的介质损耗角正切值 tanδ 值，油纸绝缘不大于 0.005，膜纸复合绝缘不大于 0.002（交接）；油纸绝缘不大于 0.005，膜纸复合绝缘不大于 0.0025（状检）。

2）电容量与出厂值比较其变化应在 −5%～＋10% 范围内（交接）；分压电容器的电容量初值差不超过 ±2%（状检）。

3）中间变压器的 tanδ 与出厂值（初值）相比不应有显著变化。

3.4.4 110kV 电容式电压互感器 C 级检修电气试验数据状态评价

1. 状态量

电容式电压互感器状态评价以量化的方式进行。各部件分别设起评分 100 分，其主要状态量扣分总和不超过 80 分，辅助状态量扣分总和不超过 20 分。根据部件得分及其评价权重计算整体得分。电容式电压互感器的状态量和最大扣分值如表 3-12 所示。

2. 评价状态

（1）得分计算为

$$某一部件的得分 = (100 - 相应部件的扣分总和) \times KF$$

对存在家族性缺陷的部件，取家族性缺陷系数 $KF = 0.95$，否则为 1。

表 3 - 12　　　　　　　　　　　　　电容式电压互感器的状态量和最大扣分值

序号	状态量名称	部件代号	状态量分类	最大扣分值
1	电容器极间及对壳绝缘电阻	P1	主状态量	15
2	低压端对地绝缘电阻	P1	主状态量	15
3	电容分压器介质损耗因素	P1	主状态量	40
4	电容分压器电容量	P1	主状态量	40
5	电容器渗漏油情况	P1	主状态量	40
6	中间变压器绝缘电阻	P2	主状态量	15
7	中间变压器介质损耗因素	P2	主状态量	15
8	接地引下线导通情况	P3	主状态量	40
9	高压引线连接情况	P3	主状态量	25

注　当一个状态量对应多个部件时，应分析最可能引起状态量变化的原因，然后确定应该扣分的部件。

（2）各部件的评价结果按量化分值的大小分为"正常状态""注意状态"和"不良状态"三个状态。分值与状态的关系见表 3 - 13，变压器的得分和状态参照得分最低的部件。

表 3 - 13　　　　　　　　　变压器（电抗器）部件评价分值与状态的关系

部　　件	分　值　与　状　态		
	85～100 分	75～85（含）分	75 分及以下
电容单元	正常状态	注意状态	不良状态
电磁单元	正常状态	注意状态	不良状态
引线	正常状态	注意状态	不良状态

3. 处理原则

状态评价结果为"正常状态"设备，执行 D 类检修，对"注意状态""不良状态"设备，按《电容式电压互感器、耦合电容器　状态评价导则》（Q/GDW—11—112—2007）的要求进行状态评价及处理。

3.4.5　110kV 电压互感器 C 级检修电气试验典型案例

2012 年 5 月 15 日，广福变 110kV Ⅰ 段母线压变三相电压不平衡处理工作。

广福变为单进线带双主变，在 110kV Ⅰ、Ⅱ 段母线分列运行时，Ⅰ 段母线压变三相电压不平衡，A：65.18kV B：64.90kV C：62.98 kV，3U0 告警。处理前，继保人员对运行状态下的 110kV Ⅰ 段母线压变二次端进行测量，发现 C 相电压偏低。之后，对 Ⅰ 段母线压变进行绝缘、变比的检查性试验。110kV Ⅰ 段母线压变检查性试验数据如表 3 - 14、表 3 - 15 所示。

表 3-14   110kV Ⅰ段母线压变绝缘介损试验数据

设备名称	110kV Ⅰ段母线 CVTA 相	试验日期		2009 年 10 月 15 日	2012 年 5 月 15 日	自激法 折算值
型号	$TYD110/\sqrt{3}-0.02H$	试验性质		预试	检查	
C_1	$OFF110/\sqrt{3}-0.02DH$	环境温度/℃		25	28	
电压比	$110000/\sqrt{3}/100/\sqrt{3}/$ $100/\sqrt{3}/100$	环境湿度/%		55	60	
		绝缘电阻/MΩ				
		C_1		50000＋	50000＋	
生产日期	2005 年	C_2		—	—	
出厂编号		N		2500＋	2500＋	
$C_总$	105091505	试验设备		SI-5001	SI-5001	
C_1	509348	设备编号		1 号	1 号	
		$\tan\delta$ 和 C_X				
		C_1	$\tan\delta$/%	—	0.062	
			C_X/pF	—	31230	
			C_N/pF	—	—	
			Δ/%	—	—	
		C_2	$\tan\delta$/%	—	0.043	
			C_X/pF	—	66130	
			C_N/pF	—	—	
			Δ/%	—	—	
		$C_总$	$\tan\delta$/%	0.045	0.062	—
			C_X/pF	20340	20360	21212
			C_N/pF	20450	20450	20450
			Δ/%	−0.54	−0.44	3.7
		试验设备		AI6000F	AI6000F	
		设备编号		1 号	1 号	
		结论		合格	合格	
		备注				

设备名称	110kV I 段母线 CVTB 相	试验日期	2009 年 10 月 15 日	2012 年 5 月 15 日	
型号	TYD110/$\sqrt{3}$-0.02H	试验性质	预试	检查	
C_1	OFF110/$\sqrt{3}$-0.02DH	环境温度/℃	25	28	
电压比	110000/$\sqrt{3}$/100/$\sqrt{3}$/ 100/$\sqrt{3}$/100	环境湿度/%	55	60	
		绝缘电阻/MΩ			
		C_1	50000＋	50000＋	
生产日期	2005 年	C_2	—	—	
出厂编号		N	2500＋	2500＋	
$C_总$	105091501	试验设备	SI-5001	SI-5001	
C_1	509361	设备编号	1 号	1 号	
		tanδ 和 C_X			
	C_1	tanδ/%	—	0.045	
		C_X/pF	—	31270	
		C_N/pF	—	—	
		Δ/%	—	—	
	C_2	tanδ/%	—	0.048	
		C_X/pF	—	67170	
		C_N/pF	—	—	
		Δ/%	—	—	
	$C_总$	tanδ/%	0.045	0.042	—
		C_X/pF	20340	20470	21337
		C_N/pF	20570	20570	20570
		Δ/%	−1.1	−0.49	3.7
	试验设备		AI6000F	AI6000F	
	设备编号		1 号	1 号	
	结论		合格	合格	
	备注				

设备名称	110kV I 段母线 CVTC 相	试验日期	2009 年 10 月 15 日	2012 年 5 月 15 日	
型号	TYD110/$\sqrt{3}$-0.02H	试验性质	预试	检查	
C_1	OFF110/$\sqrt{3}$-0.02DH	环境温度/℃	25	28	
电压比	110000/$\sqrt{3}$/100/$\sqrt{3}$/ 100/$\sqrt{3}$/100	环境湿度/%	55	60	
		绝缘电阻/MΩ			
		C_1	50000+	50000+	
生产日期	2005 年	C_2	—	—	
出厂编号		N	2500+	2500+	
$C_总$	105091511	试验设备	SI-5001	SI-5001	
C_1	509363	设备编号	1 号	1 号	
		tanδ 和 C_X			
		C_1 tanδ/%	—	0.046	
		C_X/pF	—	31360	
		C_N/pF	—	—	
		Δ/%	—	—	
		C_2 tanδ/%	—	0.27	
		C_X/pF	—	68960	
		C_N/pF	—	—	
		Δ/%	—	—	
		$C_总$ tanδ/%	0.045	0.115	—
		C_X/pF	20340	20680	21556.9
		C_N/pF	20510	20510	20510
		Δ/%	−0.83	0.83	5.1
		试验设备	AI6000F	AI6000F	
		设备编号	1 号	1 号	
		结论	合格	不合格	
		备注			

表 3 - 15　　110kV Ⅰ 段母线压变变比核对试验数据

测量位置检测数据相别	一次 ————————— 1a1n		
	标准 K_N	实测 K_X	误差/%
A	$110000/\sqrt{3}/100/\sqrt{3}$	1100	0
B	$110000/\sqrt{3}/100/\sqrt{3}$	1100	0
C	$110000/\sqrt{3}/100/\sqrt{3}$	1130	2.67
测量位置检测数据相别	一次 ————————— 2a2n		
	标准 K_N	实测 K_X	误差/%
A	$110000/\sqrt{3}/100/\sqrt{3}$	1101	0.09
B	$110000/\sqrt{3}/100/\sqrt{3}$	1100	0
C	$110000/\sqrt{3}/100/\sqrt{3}$	1130	2.67
测量位置检测数据相别	一次 ————————— dadn		
	标准 K_N	实测 K_X	误差/%
A	$110000/\sqrt{3}/100$	641.7	1.06
B	$110000/\sqrt{3}/100$	641.7	1.06
C	$110000/\sqrt{3}/100$	659.9	3.9

通过数据对比，C 相 CVT 整组电容量、介损值在状态检修规程规定范围以内，但介损值较其他相及历年数据有所增长；采用自激法测量，上节电容 C_1 电容量、介损值合格；而下节电容 C_2 电容量与交接值相比，增幅 6.6%，介损值超过状态检修规程规定的 0.25%（注意值），再结合 C 相与其他相的变比数据，判定 C_2 试验不合格。

原因分析：两次测量结果不同，是由于不同试验方法针对的部位不同所致。由于 C 相 CVT 上节电容 C_1 试验数据合格，而 C_1、C_2 两电容单元为串联连接，因此受潮的可能性不大。判断为 C_2 电容单元出现局部电容层击穿的可能，导致电容量增大，使得 CVT 变比增大，三相电压不平衡告警。

3.5　110kV 电流互感器 C 级检修

3.5.1　110kV 电流互感器 C 级检修电气试验的范围

本作业指导书规定了油纸电容型电流互感器 C 级检修电气试验前准备、试验项目及标准要求，适用于油纸电容型电流互感器 C 级检修电气试验工作。

3.5.2　110kV 电流互感器 C 级检修电气试验前准备

1. 准备工作

（1）根据试验性质、设备参数和结构，确定试验项目，编写现场电气试验执行卡和试验方案。

（2）了解现场试验条件，落实试验所需配合工作。

（3）组织作业人员学习作业指导书，使全体作业人员熟悉作业内容、作业标准、安全注意事项。

（4）了解被试设备出厂和历史试验数据，分析设备状况。

（5）准备试验用仪器仪表，所用仪器仪表良好，有校验要求的仪表应在校验周期内。

2. 仪器仪表和设备

仪器仪表和设备包括：温湿度计、兆欧表、介损测试仪。

3. 危险点分析和预控措施

（1）作业人员进入作业现场不戴安全帽，不穿绝缘鞋，试验操作人员不站在绝缘垫上操作可能会发生人身伤害事故。因此进入试验现场，试验人员必须正确佩戴安全帽，穿绝缘鞋，试验操作人员应站在绝缘垫上操作。

（2）作业人员进入作业现场可能会发生走错间隔及与带电设备保持距离不够情况。因此开始试验前，负责人应对全体试验人员详细说明试验中的安全注意事项。根据带电设备的电压等级，试验人员应注意保持与带电体的安全距离不应小于《安规》中规定的距离。

（3）高压试验区不设安全围栏或安全围栏有缺口，会使非试验人员误入试验场地，造成触电。因此高压试验区应装设专用遮栏或围栏，向外悬挂"止步，高压危险！"的标示牌，并有专人监护，严禁非试验人员进入试验场地。

（4）加压时无人监护，升压过程不呼唱，可能会造成误加压或设备损坏，人员触电。因此试验过程应派专人监护，升压时进行呼唱，试验人员在试验过程中注意力应高度集中，防止异常情况的发生。当出现异常情况时，应立即停止试验，查明原因后，方可继续试验。

（5）登高作业可能会发生高空坠落或设备损坏。因此工作中如需使用登高工具时，应做好防止设备件损坏和人员高空摔跌的安全措施。

（6）试验中接地不良，可能会造成试验人员伤害和仪器损坏。因此试验器具的接地端和金属外壳应可靠接地，试验仪器与设备的接线应牢固可靠。

（7）不断开电源，不挂接地线，可能会对试验人员造成伤害。因此遇异常情况、变更接线或试验结束时，应首先将电压回零，然后断开电源侧刀闸，并在试品和加压设备的输出端充分放电并接地。

（8）试验设备和被试设备因不良气象条件和表面脏污引起外绝缘闪络。因此试验应在天气良好的情况下进行，遇雷雨大风等天气应停止试验，禁止在雨天和湿度大于80％时进行试验，保持设备绝缘表面清洁。

（9）交流耐压试验时电流互感器一、二次绕组分别开路或不接地而产生高压损坏被试设备。因此交流耐压试验前应将电流互感器一次绕组短接，二次绕组短路接地。

（10）末屏开路引起设备损坏，因此试验加压前应检查引线与末屏接触是否良好，试验后应检查末屏接地是否可靠。因此试验加压前应检查引线与末屏接触是否良好，试验后应检查末屏接地是否可靠。

（11）试验引线接线端夹头脱落，造成人员触电伤害。因此做试验时，试验引线接线端夹头要装设牢固，试验引线不能受力过大。

（12）设备试验时，绝缘操作杆较长，如遇大风或操作不当，绝缘操作杆会横向倒向邻近带电设备。因此在进行换接试验接线时，绝缘杆操作人要集中精力，防止使绝缘棒脱手，试验操作人站位要在被试设备内侧，保持与邻近带电间隔安全距离，避免绝缘操作杆倒下时引起事故，必要时由二人同时操作绝缘杆，在风力较大时停止试验作业。

（13）试验完成后没有恢复设备原来状态导致事故发生。试验结束后，恢复被试设备原来状态，进行检查和清理现场。

3.5.3 110kV 电流互感器 C 级检修电气试验项目和操作标准

1．测量绕组绝缘电阻

（1）试验方法。

1）一次绕组短接，二次绕组与外壳短接接地，末屏接地，测量一次绕组对二次绕组及外壳的绝缘电阻，采用 2500V 兆欧表。

2）一次绕组短接接地，非被试二次绕组与外壳短接接地，末屏接地，测量二次绕组间及其对外壳的绝缘电阻采用 1000V 兆欧表。

3）110kV 及以上电容型电流互感器应测量末屏对二次绕组及地的绝缘电阻，采用 2500V 兆欧表。

4）读取 60s 的测量值。

（2）标准要求。

1）一次绕组的绝缘电阻应大于 3000MΩ，或与上次测量值相比无显著变化。

2）末屏对地（电容型）大于 1000MΩ（注意值）。

2．测试介质损耗及电容量

（1）试验方法。

1）二次绕组与外壳短接接地，测量一次绕组对末屏的介损损耗及电容量，一次绕组短接加压，被试互感器末屏与接地拆开，接入介损电桥低压信号端，试验接线采用正接法，测量主绝缘的 tanδ 与电容量，试验电压为 10kV。

2）当 tanδ 值与上一次试验值比较有明显增长时，应分析 tanδ 与温度、电压的关系，当 tanδ 随温度明显变化或试验电压由 10kV 升到 $U_m/\sqrt{3}$ 时，tanδ 增量超过 ±0.003，不应继续运行。

（2）标准要求。

1）tanδ 值应不大于 0.01。

2）电容型电流互感器主绝缘电容量与出厂值（初值）差别不应大于 ±5%。

3．高电压介损试验

（1）试验方法。

试验接线采用正接法。将被试互感器高压侧加压，被试互感器末屏与接地拆开，接入介损电桥低压信号端。被试互感器测量结束，恢复互感器末屏接地。

（2）标准要求。

1）测量电压从 10kV 到 $U_m/\sqrt{3}$。

2）介质损耗因数的增量应不大于 ±0.003。

4. 末屏介质损耗因数

（1）试验方法。

末屏绝缘电阻小于 1000MΩ 时，采用反接法测量末屏对地的 tanδ。

（2）标准要求。

末屏介质损耗因数 tanδ 不大于 0.015。

3.5.4　110kV 电流互感器 C 级检修电气试验判断故障时可选用的试验项目

110kV 电流互感器 C 级检修电气试验判断故障时可选用的试验项目如下：

（1）电流互感器绝缘受潮后可进行下列试验：

1）绕组及末屏的绝缘电阻。

2）介质损耗及电容量。

3）油中溶解气体色谱分析。

4）末屏介质损耗因数。

（2）怀疑电流互感器存有严重局部放电可进行下列试验：

1）绕组电阻。

2）局部放电测试。

3）电流比校核。

4）介质损耗及电容量。

3.5.5　110kV 油纸电容型电流互感器 C 级检修电气试验数据状态评价

1. 状态量

电流互感器状态评价以量化的方式进行。各部件分别设起评分 100 分，其主状态量扣分总和不超过 80 分，辅助状态量扣分总和不超过 20 分。各状态量的最大扣分值如表 3-16 所示。

表 3-16　　　　　　　　　　　各状态量最大扣分值

序号	状态量名称	部件代号	分类	最大扣分值
1	密封性	P1	主要状态量	40
2	异常声响	P1	主要状态量	15
3	锈蚀	P1/P2	辅助状态量	5
4	油位	P1	主要状态量	40
5	SF$_6$ 气体压力	P1	主要状态量	40
6	膨胀器异常升高	P1	主要状态量	25
7	本体温升	P1	主要状态量	25
8	接头和引流线温升	P2	主要状态量	15
9	油色谱	P1	主要状态量	55
10	SF$_6$ 气体湿度	P1	主要状态量	25
11	泄漏电流	P1	主要状态量	15

注　当一个状态量对应多个部件时，应分析最可能引起状态量变化的原因，然后确定应该扣分的部件。

2. 评价状态

（1）得分计算为

$$某一部件的得分＝（100－相应部件的扣分总和）KF$$

对存在家族性缺陷的部件，取家族性缺陷系数 $KF＝0.95$，否则为1。

（2）各部件的评价结果按量化分值的大小分为"正常状态""注意状态"和"不良状态"3个状态。分值与状态的关系见表3－17，变压器的得分和状态参照得分最低的部件。

表 3－17 部件状态与评价得分的关系

部 件	分 值 和 状 态		
	85～100分	75～85（含）分	75分及以下
本体	正常状态	注意状态	不良状态
引线	正常状态	注意状态	

3. 处理原则

状态评价结果为"正常状态"设备，执行 D 类检修，对"注意状态""不良状态"设备，按《电流互感器状态评价导则》（Q/GDW—11—110—2010）的要求进行状态评价及处理。

3.5.6 110kV 电流互感器 C 级检修电气试验典型案例

某 110kV 变电站进行年度 C 级检修。其中 110kV 某 1051 线电流互感器停电进行相关电气试验时，发现 A 相电流互感器介损因数 tanδ 相间偏差较大，试验数据如表 3－18 所示。

表 3－18 某 1051 线流变介损因数 tanδ 及电容量数据（2013 年 4 月 26）

相别	正 接 法		反 接 法	
	介损因数 tanδ	电容量/pF	介损因数 tanδ	电容量/pF
A	0.00718	148.8	0.00329	1525
B	0.00215	148.5	0.00164	1575
C	0.00220	149.2	0.00169	1641

A 相流变正接线和反接线介损因数虽未超出规程规定值，但对比 B 相、C 相明显偏大，查阅历年试验报告，试验数据如表 3－19 所示。

表 3－19 某 1051 线流变历年 tanδ 及电容量数据（2007 年 9 月 17 日）

相别	正 接 法		反 接 法	
	介损因数 tanδ	电容量/pF	介损因数 tanδ	电容量/pF
A	0.00157	147.5	0.00121	1585
B	0.00170	148.1	0.00120	1509
C	0.00162	148.6	0.00124	1578

依据国家电网公司《输变电设备状态检修试验规程》（Q/GDW 168—2008），A 相电

流互感器介损因数虽未超出注意值，但与历史试验报告比较，增长明显，B相、C相正常。经纵横比分析，A相偏差正接法达＋249.03％，反接法达＋99.23％，均存在显著差异。发现乔水1051线电流互感器A相异常现象后，立即组织人员对该组电流互感器进行取油样色谱分析，分析结果如表3-20所示。

表 3 - 20　　　　　　　　某 1051 线流变油色谱分析数据

相别	各组分含量/$(\mu L \cdot L^{-1})$							
	H_2	CH_4	C_2H_6	C_2H_4	C_2H_2	总烃	CO	CO_2
A	13519.43	1451.04	2787.94	30.92	30.03	4300.03	32.86	244.97
B	11.27	3.26	0.78	0.17	0	4.21	354.38	204.17
C	5.84	3.10	0.76	0.17	0	4.03	344.82	135.46

依据 Q/GDW 168—2008 和 GB/T 7252—2001《变压器油中溶解气体色谱分析和判断导则》，A相流变氢气、乙炔及总烃含量均严重超注意值。三比值编码1，1，0，故障类型为低能量放电。综合分析判断，该电流互感器因制造工艺不良，投入运行后，内部长期存在低能量放电现象，需立即进行更换处理。

3.6　无间隙金属氧化物避雷器 C 级检修

3.6.1　金属氧化物避雷器 C 级检修电气试验的范围

本作业规定了无间隙金属氧化物避雷器 C 级检修电气试验的试验前准备、试验项目及标准要求，适用于无间隙金属氧化物避雷器 C 级检修电气试验工作。

3.6.2　无间隙金属氧化物避雷器 C 级检修电气试验前的准备

1. 准备工作

（1）根据试验性质、设备参数和结构，确定试验项目。

（2）了解现场试验条件，落实试验所需配合工作。

（3）组织作业人员学习作业指导书，使全体作业人员熟悉作业内容、作业标准、安全注意事项。

（4）了解被试设备出厂和历史试验数据，确认设备状态。

（5）准备试验用仪器仪表，所用仪器仪表良好，有校验要求的仪表应在校验周期内。

2. 仪器仪表和设备

仪器仪表和设备包括：温湿度计、兆欧表、高压直流试验装置、高压电阻分压器、放电计数测试仪。

3. 危险点分析和预控措施

（1）作业人员进入作业现场不戴安全帽，不穿绝缘鞋，操作人员未站在绝缘垫上可能会发生人员伤害事故。因此进入试验现场，试验人员必须正确佩戴安全帽，穿绝缘鞋，操作人员必须站在绝缘垫上。

（2）作业人员进入作业现场可能会发生走错间隔及与带电设备保持距离不够情况。因此开始试验前，负责人应对全体试验人员详细说明试验中的安全注意事项。根据带电设备的电压等级，试验人员应注意保持与带电体的安全距离不应小于《安规》中规定的距离。

（3）高压试验区不设安全围栏或安全围栏有缺口，会使非试验人员误入试验场地，可能会造成人员触电。因此试验区应装设专用遮栏或围栏，向外悬挂"止步，高压危险！"的标示牌，并有专人监护，严禁非试验人员进入试验场地。

（4）加压时无人监护，升压过程不呼唱，可能会造成误加压或非试验人员误入试验区，造成触电或设备损坏。因此试验过程应派专人监护，升压时进行呼唱，试验人员在试验过程中注意力应高度集中，防止异常情况的发生。当出现异常情况时，应立即停止试验，查明原因后，方可继续试验。

（5）登高作业可能会发生高空坠落或设备损坏。因此工作中如需使用登高工具时，应做好防止设备损坏和人员高空摔跌的安全措施。

（6）接地不良，可能会造成试验人员伤害和仪器损坏。因此试验器具的接地端和金属外壳应可靠接地，试验仪器与设备的接线应牢固可靠。

（7）不断开电源，不挂接地线，可能会对试验人员造成伤害。因此遇到异常情况查找原因、变更接线或试验结束时，应首先将电压回零，然后断开电源侧刀闸，并在试品和加压设备的输出端充分放电并接地。

（8）试验设备和被试设备应不良气象条件和外绝缘脏污引起外绝缘闪络。因此高压试验应在天气良好的情况下进行，遇雷雨大风等天气应停止试验，禁止在雨天和湿度大于80％时进行试验，保持设备表面绝缘清洁。

（9）进行绝缘电阻测量和高压直流试验后不对试品充分放电，会发生电击。因此为保证人身和设备安全，在进行绝缘电阻测量和高压直流试验后应对试品充分放电。

（10）不采取预防感应电触电措施，可能会对设备及人员造成伤害。因此在试验接线和拆线时应采取必要的防止感应电触电措施，防止感应电伤人。

（11）试验结束后未在相邻未投运的电容量较大设备接地放电，可能会对人员造成伤害。因此相邻未投运的电容量较大设备应接地放电。

（12）试验完成后没有恢复设备原来状态导致事故发生。因此试验结束后，恢复被试设备原来状态，进行检查和清理现场。

3.6.3　无间隙金属氧化物避雷器 C 级检修电气试验项目和操作标准

1. 测量绝缘电阻

（1）试验方法。采用 2500V 及以上兆欧表测量避雷器本体对地的绝缘电阻；接对于多节串运行的，应分别测量。

（2）标准要求。

1）35kV 以上，不低于 2500MΩ。

2）35kV 及以下，不低于 1000MΩ。

3）金属氧化物避雷器的绝缘电阻值，与出厂试验值比较应无明显差别。

2. 测量直流 1mA（U_{1mA}）电压及 $0.75U_{1mA}$ 下的泄漏电流

（1）试验方法。在避雷器两端施加 1mA 直流电流的同时，测量被试品两端的直流电压值，在试品两端施加 $0.75U_{1mA}$ 直流电压，测量流过避雷器的泄漏电流。

（2）标准要求。

1）35kV 以上，不低于 2500MΩ。

2）35kV 及以下，不低于 1000MΩ。

3）金属氧化物避雷器的绝缘电阻值，与出厂试验值比较应无明显差别。

3. 测量避雷器基座绝缘电阻

（1）试验方法。采用 2500V 兆欧表分别测量每相避雷器的基座绝缘电阻。

（2）标准要求。基座绝缘电阻不小于 100MΩ。

4. 检查在线监测仪及放电计数器的动作情况

（1）试验方法。应对每相在线监测仪泄漏电流表指示情况以及放电计数器的动作可靠性进行检查。

（2）标准要求。

1）在线监测仪泄漏电流表指示应符合制造厂技术条件。

2）放电计数器应测量 3～5 次，均应正常动作。

5. 工频参考电流下的工频参考电压

（1）试验方法。将制造厂规定工频参考电流施加于被试品，在试品两端测得的峰值电压为工频参考电压。

（2）标准要求。与出厂值（初值）比较无明显差别。

3.6.4 无间隙金属氧化物避雷器 C 级检修电气试验数据状态评价

1. 状态量

无间隙金属氧化物避雷器状态评价以量化的方式进行。各部件分别设起评分 100 分，其主要状态量扣分总和不超过 80 分，辅助状态量扣分总和不超过 20 分。根据部件得分及其评价权重计算整体得分。各状态量的最大扣分值如表 3-21 所示。

表 3-21　　　　　　　　　　避雷器的状态量和最大扣分值

序号	状态量名称	部件代号	状态量分类	最大扣分值
1	绝缘电阻	P1	主要状态量	15
2	直流参考电压及泄漏电流	P1	主要状态量	40
3	运行电压下交流泄漏电流阻性分量	P1	主要状态量	40
4	在线监测泄漏电流表指示值	P1	主要状态量	40
5	电容量	P1	主要状态量	40
6	本体温升	P1	主要状态量	40
7	外绝缘防污闪水平	P1	主要状态量	25
8	本体外绝缘表面情况	P1	辅助状态量	15
9	外套和法兰结合情况	P1	辅助状态量	15

序号	状态量名称	部件代号	状态量分类	最大扣分值
10	整体垂直度	P1	辅助状态量	5
11	底座绝缘电阻	P2	主要状态量	25
12	在线监测泄漏电流表（含放电计数器）状况	P2	主要状态量	25
13	接地引下线导通情况	P3	主要状态量	40
14	均压环及引流线连接情况	P3	主要状态量	25
15	均压环及引线锈蚀情况	P3	辅助状态量	15

2. 评价状态

（1）得分计算为

$$某一部件的得分 = (100 - 相应部件的扣分总和) \times KF$$

对存在家族性缺陷的部件，取家族性缺陷系数 $KF = 0.95$，否则为 1。

（2）各部件的评价结果按量化分值的大小分为"正常状态""注意状态"和"不良状态"三个状态。分值与状态的关系如表 3-22 所示，避雷器的得分和状态参照得分最低的部件。

表 3-22　　　　无间隙金属氧化物避雷器部件评价分值与状态的关系

部件	分值与状态		
	85～100 分	75～85（含）分	75 分及以下
本体	正常状态	注意状态	不良状态
附件	正常状态	注意状态	不良状态
引线	正常状态	注意状态	不良状态

3. 处理原则

状态评价结果为"正常状态"设备，执行 D 类检修，对"注意状态""不良状态"设备，按《金属氧化物避雷器状态评价导则》（Q/GDW—11—113—2010）的要求进行状态评价及处理。

3.6.5　无间隙金属氧化物避雷器 C 级检修典型案例

2010 年 110kV 某变电站按计划进行年度 C 级检修，试验过程中发现部分避雷器绝缘电阻异常偏低，其中某 A 相、C 相和另一 A 相、C 相，以及 1 号主变压器中性点避雷器的 75% 直流 1mA 参考电压下的泄漏电流值有大幅增长，且超出了 $50\mu A$ 的规程定值，试验结果如表 3-23 所示。说明某 1544 该变电站支线 A 相、C 两相避雷器和另一 1317 线路 A 相、C 两相避雷器及 1 号主变压器中性点避雷器存在严重绝缘缺陷。

该变电站所有 110kV 避雷器均为北京某电力设备总厂生产，出厂年月是 2000 年 12 月（已运行 10 年）。结合红外图谱和表 3-24 所示的试验数据，初步分析其绝缘性能的大幅度下降与其内部构件受潮有关。技术人员对避雷器进行了解体检查。

表 3 - 23   110kV 某变电站有 110kV 等级避雷器试验结果

设　　备	绝缘/MΩ	U_{1mA}/kV	$I_{75\%U_{1mA}}$/μA
某 1544 A 相避雷器	9500	150.5	69
某 1544 B 相避雷器	23000	150.4	24
某 1544 C 相避雷器	10080	150.2	55
某 1317 A 相避雷器	1170	149.4	>100
某 1317 B 相避雷器	19400	149.2	24
某 1317 C 相避雷器	1010	150.5	>100
1 号主变压器中性点避雷器	120	63.7	>100
2 号主变压器中性点避雷器	13200	105.7	27

表 3 - 24   某 1544、另一 1317 该变电站支线避雷器红外测温结果

某 1544 支线避雷器			另一 1317 线路避雷器		
A 相最高温度	B 相最高温度	C 相最高温度	A 相最高温度	B 相最高温度	C 相最高温度
26.91℃	26.13℃	27.11℃	29.75℃	27.09℃	29.25℃

1. 解剖过程

以某 1544 C 相避雷器解体为例，首先将避雷器顶部帽盖拆离后发现：

(1) 避雷器上电极边缘的浇铸工艺不到位，存在部分段的间隙（图 3 - 9）。

(2) 外层硅橡胶可整体剥离，与内部环氧筒未可靠黏合（图 3 - 9）。

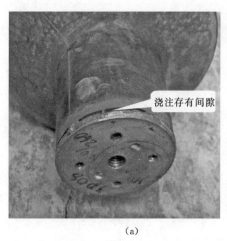
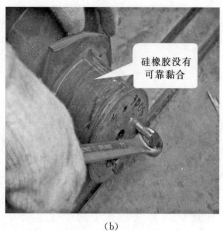

(a)　　　　　　　　　　　　　　(b)

图 3 - 9　某 1544C 相避雷器顶部解体图

之后技术人员用工具将避雷器的 ZnO 阀片与环氧树脂筒分离，对部分阀片依次进行参数测试，试验数据合格，试验数据如表 3 - 25 所示。

表 3-25   某 1544 C 相阀片参数测试结果

阀片编号	U_{1mA}	$I_{75\%U_{1mA}}$	阀片编号	U_{1mA}	$I_{75\%U_{1mA}}$
1 号	3.38	6	7 号	3.41	6
2 号	3.41	6	8 号	3.41	5
3 号	3.38	5	9 号	3.37	5
4 号	3.41	6	10 号	3.42	5
5 号	3.41	5	11 号	3.41	6
6 号	3.42	5	12 号	3.37	6

将某 1544 避雷器环氧筒分离后检查发现某 1544 C 相环氧套筒的内表面与试验数据正常的某 1544 B 相避雷器的环氧套筒有轻度的色差（图 3-10），表面存在少许潮气。技术人员将该 1544 B 相、C 相环氧套筒（切割尺寸相同，长 230mm）同时送至试验室，进行直流泄漏试验，试验数据如表 3-26 所示，电压未升到 3kV，C 相套筒的电流已经满偏（电流表量程 50μA），说明 C 相套筒已经受潮。经解体其他绝缘性能下降的避雷器，发现均存在相同问题。

表 3-26   某 1544 B 相、C 相避雷器环氧套筒直流泄漏试验值

某 1544 C 相环氧套筒	
施加电压/kV	$I_X/\mu A$
3	50
某 1544 B 相环氧套筒（正常相）	
施加电压/kV	$I_X/\mu A$
20	10

2. 原因分析

（1）复合套氧化锌避雷器的环氧筒吸潮能力极强，若与硅橡胶合成套黏合不良，极有可能使潮气从硅橡胶和环氧筒边缘处渗透，引起环氧筒受潮。

（2）从以上的试验数据来看，避雷器本体阀片没有出现明显的绝缘受潮或者劣化现象，说明避雷器绝缘下降与阀片没有直接的关系，而环氧筒受潮使得泄漏电流明显增高。

通过上述解体试验和分析认为，本案例避雷器绝缘性能下降的主要原因为环氧

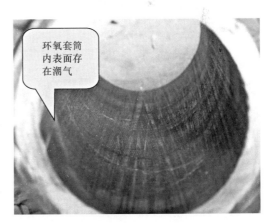

图 3-10 某 1544 C 相环氧套筒

树脂绝缘筒受潮，而环氧筒受潮的原因主要是生产工艺不良引起。由于避雷器阀片与环氧筒之间有填充胶密封，环氧筒受潮不一定影响阀片绝缘。

附录 A
输变电设备基础资料与信息收集明细表

表 A-1 信 息 分 类 表

信息类别	信 息 明 细
原始资料	铭牌参数、订货技术协议、技术联系文件、相关会议纪要、设备监造报告、厂家出厂资料、出厂试验报告、运输记录、安装报告、交接试验报告、竣工图纸等
运行资料	投运日期、运行工况、历年缺陷及异常记录、巡检记录、不停电检测记录等
检修资料	巡检报告、例行试验报告、诊断性试验报告、检修报告（含技改）、有关反措执行情况等
其他资料	家族缺陷、历次状态评价报告等

表 A-2 油浸式变压器（电抗器）

信息类别	信 息 明 细
变压器本体	
运行工况	中、低压侧近区短路电流、短路次数，变压器过负荷情况，过励磁情况，温度过高，压力释放阀动作情况，气体继电器动作情况，在线油色谱，跳闸情况等。接地引下线锈蚀情况
运行巡检	运行油温、油位、渗油、漏油情况，噪声及振动，表面锈蚀，呼吸器运行情况，红外测温情况等
试验数据	绕组直流电阻，绕组介质损耗因数，绕组电容量，铁心绝缘，绕组频率响应测试，短路阻抗，泄漏电流，绕组绝缘电阻、吸收比或极化指数，油介质损耗因数（$tan\delta$），油击穿电压，油中水分，油中含气量，绝缘纸聚合度，红外测温，油中溶解气体分析（总烃、C_2H_2、CO、CO_2、H_2、CH_4、C_2H_4、C_2H_6），变压器中性点直流电流测试
变压器套管	
运行巡检	外绝缘积污、放电声情况，外观（瓷面脱釉情况），渗漏情况，油位指示
试验数据	绝缘电阻（主屏、末屏），介损，电容量，油中溶解气体分析（总烃、C_2H_2、CO、CO_2、H_2、CH_4、C_2H_4、C_2H_6），红外测温，油中微水含量
冷却（散热）器系统	
运行巡检	电机（风机、油泵、水泵及油流继电器工作异常）运行情况，冷却装置控制系统，冷却装置，散热效果，渗油、漏油（非负压区和负压区渗、漏油情况）
变压器有载分接开关	
运行工况	切换次数，与前次检修间隔，在线滤油装置运行情况，传动机构传动情况，限位装置失灵情况，滑挡，控制回路
运行巡检	油位，呼吸器运行情况，分接位置，渗漏油情况
试验数据	动作特性（波形与时间等），油耐压，过渡电阻阻值，切换开关和选择开关的接触电阻

信息类别	信 息 明 细
变压器无励磁分接开关	
运行工况	操作机构（机械闭锁情况）及档位指示
变压器非电量保护	
运行工况	温度计、油位指示情况，压力释放阀、气体继电器误动情况，温度计、分接开关位置等远方与就地指示一致性情况
运行巡检	温度计、油位指示计值，压力释放阀渗漏，气体继电器渗漏油等
试验数据	温度计指示、油位指示计、压力释放阀、气体继电器二次回路绝缘等

表 A - 3 SF₆ 断 路 器

信息类别	信 息 明 细
本体	
运行工况	1. 累计开断短路电流值（折算后），分、合闸位置指示正确性，密封件（使用寿命）。 2. 基础及支架：基础破损、基础下沉、支架锈蚀、支架松动；接地引下线导通情况
运行巡检	1. 本体锈蚀，振动和声响，高压引线及端子板连接（引线端子板松动、变形、开裂现象或严重发热痕迹），接地连接锈蚀，接地连接松动，SF₆ 气体密度。 2. 瓷套：瓷套污秽、瓷套破损、瓷套外表放电情况。 3. 均压环：均压环锈蚀、均压环变形、均压环破损。 4. 相间连杆：相间连杆锈蚀、相间连杆变形
试验数据	1.SF₆ 气体湿度，主回路电阻值，红外测温（引线接头、灭弧室）。 2. 分合闸线圈：操作电压、直流电阻。 3. 机械特性：分闸时间、合闸时间、合分时间、相间合闸不同期、相间分闸不同期、同相各断口合闸不同期、同相各断口分闸不同期。 4. 储能电机：绝缘电阻。 5. 三相不一致保护，泵的补压时间，泵的零起打压时间，操作压力下降值。 6. 辅助及控制回路：绝缘电阻。 7. 并联电容器绝缘电阻、电容量、介损。 8. 合闸电阻阻值，合闸电阻投入的时间
罐式断路器	
运行巡检	TA 异常声响，TA 外壳密封条，TA 外壳（变形），罐内异响，罐体加热带异常情况，罐体锈蚀
试验数据	TA 二次回路绝缘电阻，局部放电，红外测温（引线接头、灭弧室），流变二次绕组直流电阻
液压机构	
运行工况	1. 操作次数，液压机构压力及打压工况（包括分闸闭锁、合闸闭锁动作情况），温湿度控制装置运行工况，密封件使用寿命情况，分合闸线圈引线断线或线圈烧坏情况，储气缸压力情况。 2. 二次元件：接触器、继电器、辅助开关、限位开关、空气开关、切换开关等二次元件接触或切换情况，控制回路的电阻、电容等零件损坏情况
运行巡检	1. 储能电机（锈蚀、异响、损坏），油压力表（外观损坏、指示正确性），储气缸（渗油、漏氮），动作计数器（失灵情况），机构箱（密封、变形、机构箱锈蚀）。 2. 端子排及二次电缆：端子排锈蚀、二次电缆、绝缘层有变色、老化或损坏等情况

信息类别	信 息 明 细
	弹簧机构
运行工况	1. 操作次数；弹簧机构操作卡涩情况，动作计数器（失灵情况），温湿度控制装置运行工况，分合闸线圈引线断线或线圈烧坏，控制回路的电阻、电容等零件损坏情况。 2. 二次元件：接触器、继电器、辅助开关、限位开关、空气开关、切换开关等二次元件接触或切换情况
运行巡检	1. 储能电机（锈蚀、异响、损坏），分合闸弹簧（锈蚀、损坏、储能时间和工况），油缓冲器渗漏油情况，机构箱（密封、变形、机构箱锈蚀）。 2. 端子排及二次电缆：端子排锈蚀、二次电缆、绝缘层有变色、老化或损坏等情况
	液压弹簧机构
运行工况	1. 操作次数，液压机构压力及打压工况（包括分闸闭锁、合闸闭锁动作情况），分合闸线圈引线断线或线圈烧坏，控制回路的电阻、电容等零件损坏情况，储气缸压力情况，密封件使用寿命情况。 2. 二次元件：温湿度控制装置运行工况，接触器、继电器、辅助开关、限位开关、空气开关、切换开关等二次元件接触或切换情况
运行巡检	1. 储能电机（锈蚀、异响、损坏），油压力表（外观损坏、指示正确性），储气缸（渗油、漏氮情况），动作计数器（失灵情况）；机构箱（密封、变形、机构箱锈蚀）。 2. 端子排及二次电缆：端子排锈蚀、二次电缆、绝缘层有变色、老化或损坏等情况
	气动机构
运行工况	1. 操作次数，气动机构压力及打压工况（包括分闸闭锁、合闸闭锁动作情况），分合闸线圈引线断线或线圈烧坏，加热装置运行工况，气水分离器运行工况，压力继电器动作值，自动排污装置失灵情况，压缩机补压性能及润滑油乳化情况，密封件使用寿命情况。 2. 二次元件：温湿度控制装置运行工况，接触器、继电器、辅助开关、限位开关、空气开关、切换开关等二次元件接触或切换情况；控制回路的电阻、电容等零件损坏情况
运行巡检	1. 储能电机（锈蚀、异响、损坏），压力表（外观损坏、指示正确性），动作计数器（失灵情况），机构箱（密封、变形、机构箱锈蚀）。 2. 端子排及二次电缆：端子排锈蚀、二次电缆、绝缘层有变色、老化或损坏等情况
	并联电容器
运行巡检	瓷套污秽、瓷套破损、瓷套外表放电情况；电容器渗漏油情况
	合闸电阻
运行巡检	瓷套污秽、瓷套破损、瓷套外表放电情况

表 A - 4　　　　　　　　　126kV 及以上隔离开关

信息类别	信 息 明 细
运行工况	累计机械操作次数，电动机运行情况，操作时可动部件状态，辅助开关切换情况，动作计数器、机械指示工作状态，分合闸操作状况，出线座转动状况，合闸定位，机械闭锁，防误装置，外绝缘抗污水平，绝缘子超声探伤，接地引下线导通情况
运行巡检	绝缘子外表面污秽、破损、放电情况，机构箱密封，操作连杆、构架和基础，加热器运行情况，引流线连接状况，引流线红外测温，接地引下线锈蚀情况
试验数据	机构控制或辅助回路绝缘，回路电阻，导电连接点的相对温差值或温升，红外测温

表 A‑5   电 流 互 感 器

信息类别	信 息 明 细
运行工况	外绝缘防污闪水平，外瓷套和法兰结合情况，整体垂直度，接地引下线导通情况
运行巡检	1. 本体外绝缘表面污秽、破损、放电情况；密封性情况，异常声响、膨胀器、底座、二次接线盒锈蚀情况。 2. 引流线连接状况、引流线红外测温；接地引下线锈蚀情况。 3. 油位；SF₆ 气体泄漏、密度继电器或压力表情况
试验数据	绕组绝缘电阻、主绝缘介质损耗因数、主绝缘电容量、末屏绝缘、油色谱、局部放电、外绝缘防污闪水平，一次绕组直流电阻，本体温升，连接端子及引流线温升，绝缘油击穿电压、SF₆ 气体微水含量

表 A‑6   电 磁 式 电 压 互 感 器

信息类别	信 息 明 细
运行工况	外绝缘防污闪水平，外瓷套和法兰结合情况，整体垂直度，接地引下线导通
运行巡检	1. 本体外绝缘表面污秽、破损、放电情况，密封性情况，异常声响、膨胀器、底座、二次接线盒锈蚀情况，红外测温。 2. 引线连接状况、接地引下线锈蚀情况，接地引下线锈蚀情况。 3. 油位；SF₆ 气体泄漏、密度继电器或压力表情况
试验数据	绝缘电阻、绕组绝缘介质损耗因素、支架绝缘介质损耗因素、油色谱、局部放电，绝缘油击穿电压、SF₆ 气体微水含量，红外测温

表 A‑7   电 容 式 电 压 互 感 器

信息类别	信 息 明 细
运行工况	外绝缘防污闪水平，外瓷套和法兰结合情况，整体垂直度，接地引下线导通
运行巡检	电容器渗漏油情况、运行声响、电容器外绝缘表面污秽、破损、放电情况、中间变压器渗漏油情况、中间变压器的油位、中间压变、二次接线盒、底座锈蚀情况，红外测温，高压引线连接情况，接地引下线锈蚀情况，压力表指示情况，阻尼电阻运行情况，二次电压变化量，电容器温升、中间变压器温升
试验数据	电容器极间及对壳绝缘电阻、低压端对地绝缘电阻、电容分压器介质损耗因素、电容分压器电容量、中间变压器绝缘电阻、中间变压器介质损耗因素（可测量者），红外测温

表 A‑8   耦 合 电 容 器

信息类别	信 息 明 细
运行工况	外绝缘防污闪水平，外瓷套和法兰结合情况，整体垂直度，接地引下线导通
运行巡检	电容器渗漏油情况、运行声响，电容器外绝缘表面污秽、破损、放电情况，底座锈蚀情况，红外测温，高压引线连接情况，接地引下线锈蚀情况，压力表指示情况，电容器温升
试验数据	电容器极间及对壳绝缘电阻、低压端对地绝缘电阻、电容器介质损耗因素、电容器电容量，红外测温

表 A-9	金 属 氧 化 物 避 雷 器
信息类别	信 息 明 细
运行工况	外绝缘防污闪水平，外瓷套和法兰结合情况，整体垂直度
运行巡检	在线监测泄漏电流表（含放电计数器）状况，接地引下线导通、锈蚀情况，均压环、引流线连接情况、均压环及引线锈蚀情况，红外测温
试验数据	绝缘电阻、直流参考电压及泄漏电流、运行电压下交流泄漏电流阻性分量、电容量，底座绝缘电阻

附录 B
资料性附录一

表 B-1   高压试验（升压）操作卡

步骤	操作内容	执行情况（打"√"）					
		操作一	操作二	操作三	操作四	操作五	操作六
	开始时间						
1	负责人：检查被试品和试验装置符合试验条件、试验接线正确						
2	负责人：确认试验区域无关人员已撤离、安全措施完备、试验人员已就位						
3	负责人下令：拆除试验装置高压端接地线						
4	接线人复诵：接地线已拆除						
5	负责人下令：合闸、加压						
6	操作人复诵：注意、开始加压						
7	按试验要求加压并呼唱						
8	试验、测量、记录、降压至零位						
9	操作人复诵：电压已回零、电源已断开						
10	负责人下令：放电、挂接地线						
11	接线人复诵：放电完毕、接地线已挂上						
12	负责人下令：加压试验结束（可以更改接线）						
	结束时间						

备注：（试验项目名称）

操作一：

操作二：

操作三：

操作四：

操作五：

操作六：

附录 C
资料性附录二

表 C-1   110kV 变压器电气试验数据记录表

设备名称		试验日期			
型号		试验性质			
额定容量		环境温度/℃			
绝缘水平		上层油温/℃			
		环境湿度/%			
相数		绝缘电阻/MΩ			
空载电流		高压侧	15″		
空载损耗			60″		
接线组别			吸收比 K		
生产厂家		低压侧	15″		
生产日期			60″		
生产编号			吸收比 K		
短路阻抗		铁芯			
		夹件			
		试验设备			
		设备编号			
		本体 $\tan\delta$ 和 C_X			
		高压侧	$\tan\delta/\%$		
			C_X/pF		
		低压侧	$\tan\delta/\%$		
			C_X/pF		
		试验设备			
		设备编号			
		直流电阻/Ω			
		高压侧	1	AO		
				BO		
				CO		
				$\Delta/\%$		
		高压侧	2	AO		
				BO		
				CO		
				$\Delta/\%$		

设备名称				试验日期			
		高压侧	3	AO			
				BO			
				CO			
				Δ/%			
			4	AO			
				BO			
				CO			
				Δ/%			
			5	AO			
				BO			
				CO			
				Δ/%			
			6	AO			
				BO			
				CO			
				Δ/%			
			7	AO			
				BO			
				CO			
				Δ/%			
			8	AO			
				BO			
				CO			
				Δ/%			
			9	AO			
				BO			
				CO			
				Δ/%			
			10	AO			
				BO			
				CO			
				Δ/%			

设备名称			试验日期				
		高压侧	11	AO			
				BO			
				CO			
				Δ/%			
			12	AO			
				BO			
				CO			
				Δ/%			
			13	AO			
				BO			
				CO			
				Δ/%			
			14	AO			
				BO			
				CO			
				Δ/%			
			15	AO			
				BO			
				CO			
				Δ/%			
			16	AO			
				BO			
				CO			
				Δ/%			
			17	AO			
				BO			
				CO			
				Δ/%			
		低压侧		ab			
				bc			
				ca			
				Δ/%			

设备名称			试验日期			
			试验设备			
			设备编号			
设备名称			主变单套管			
型号			tanδ/%			
生产厂家			C_X/pF			
生产日期		高压侧 A	C_N/pF			
生产编号			Δ/%			
			末屏/MΩ			
型号			tanδ/%			
生产厂家			C_X/pF			
生产日期		高压侧 B	C_N/pF			
生产编号			Δ/%			
			末屏/MΩ			
型号			tanδ/%			
生产厂家			C_X/pF			
生产日期		高压侧 C	C_N/pF			
生产编号			Δ/%			
			末屏/MΩ			
型号			tanδ/%			
生产厂家			C_X/pF			
生产日期		中性点 O	C_N/pF			
生产编号			Δ/%			
			末屏/MΩ			
设备名称	主变有载开关		切换时间/ms			
型号		A	单—双			
生产厂家			双—单			
生产日期		B	单—双			
生产编号			双—单			
过渡电阻		C	单—双			
			双—单			

设备名称		主变单套管			
		试验设备			
		设备编号			
		结论			
		备注			
		审核			
		校对			
		试验人员			
		短路阻抗 $Z/\%$			
		AO			
低压侧短路高压侧测量		BO			
		CO			
		$\overline{Z}$			
		AO	—		
中压侧短路高压侧测量		BO	—		
		CO	—		
		$\overline{Z}$	—		
		AO	—		
低压侧短路中压侧测量		BO	—		
		CO	—		
		$\overline{Z}$	—		
		试验设备			
		设备型号			
		结论			
		备注			
		审核			
		校对			
		试验人员			

表 C-2　　　　　110kV 油纸电容型电流互感器电气试验数据记录表

设备名称			试验日期					
型号			试验性质					
A			环境温度/℃					
B			环境湿度/%					
C			绝缘电阻/MΩ					
变比			A	一次—地				
生产厂家				末屏—地				
A			B	一次—地				
B				末屏—地				
C			C	一次—地				
	生产日期	出厂编号		末屏—地				
A			试验设备					
B			设备编号					
C			$\tan\delta$ 和 C_X					
			A	$\tan\delta$/%				
				C_X/pF				
				C_N/pF				
				Δ/%				
			B	$\tan\delta$/%				
				C_X/pF				
				C_N/pF				
				Δ/%				
			C	$\tan\delta$/%				
				C_X/pF				
				C_N/pF				
				Δ/%				
			试验设备					
			设备编号					
			结论					
			备注					
			审核					
			校对					
			试验人员					

表 C-3　　　　　110kV 电容式电压互感器电气试验数据记录表

设备名称		试验日期			
型号		试验性质			
C_1		环境温度/℃			
电压比		环境湿度/%			
		绝缘电阻/MΩ			
生产厂家		C_1			
生产日期		C_2			
出厂编号		N			
$C_总$		试验设备			
C_1		设备编号			
		$\tan\delta$ 和 C_X			
	C_1	$\tan\delta$/%			
		C_X/pF			
		C_N/pF			
		Δ/%			
	C_2	$\tan\delta$/%			
		C_X/pF			
		C_N/pF			
		Δ/%			
	$C_总$	$\tan\delta$/%			
		C_X/pF			
		C_N/pF			
		Δ/%			
	试验设备				
	设备编号				
	结论				
	备注				
	审核				
	校对				
	试验人员				

表 C-4 　　　　　　　　　　　无间隙金属氧化物避雷器电气试验数据记录表

设备名称			试验日期				
型号			试验性质				
A			试验温度/℃				
B			试验湿度/%				
C			绝缘电阻/MΩ				
生产厂家			A				
A			B				
B			C				
C			底座 A				
出厂编号		出厂日期	底座 B				
A			底座 C				
B			试验设备				
C			设备编号				
			1mA 下的电压/kV				
			A				
			B				
			C				
			$75\%U_{1mA}$ 的电流/μA				
			A				
			B				
			C				
			试验设备				
			设备编号				
			计数器动作情况				
			A				
			B				
			C				
			结论				
			备注				
			审核				
			校对				
			试验人员				

表 C‑5　　　　　　　　　　　　　真空断路器试验数据记录表

设备名称			试验日期				
型号			试验性质				
额定电流			环境温度/℃				
生产厂家			环境湿度/%				
生产日期			绝缘电阻/MΩ				
生产编号			A	TA			
TA			B	—			
型号			C	TA			
1S11S2			试验设备				
2S12S2			出厂编号				
	出厂编号	出厂日期	回路电阻/μΩ				
A			A				
B			B				
C			C				
生产厂家			试验设备				
			设备编号				
			工频耐压试验/kV				
			开关断口 AC42kV				
			开关 TA AC30kV				
			线圈绝缘电阻/MΩ				
			分闸				
			合闸				
			线圈直流电阻/Ω				
			分闸				
			合闸				
			最低动作电压/V				
			分闸				
			合闸				
			结论				
			备注				
			审核				
			校对				
			试验人员				

表 C-6　　　　　　　　　　　SF₆ 断路器试验数据记录表

设备名称		试验日期				
型号		试验性质				
额定电流		环境温度/℃				
生产厂家		环境湿度/%				
生产日期		绝缘电阻/MΩ				
生产编号		分闸1				
		分闸2				
		合闸				
		试验设备				
		设备编号				
		线圈直流电阻/Ω				
		分闸1				
		分闸2				
		合闸				
		回路电阻/μΩ				
		A				
		B				
		C				
		试验设备				
		设备编号				
		最低动作电压/V				
		分闸1				
		分闸2				
		合闸				
		结论				
		审核				
		校对				
		试验人员				

附录 D
规范性附录一

D.1　110kV××变电所××主变 C 级检修试验执行卡（初级版）

110kV＿＿＿变电所＿＿＿主变
C 级检修试验执行卡
（初级版）

编写：＿＿＿＿＿＿＿　　＿＿年＿＿月＿＿日
审核：＿＿＿＿＿＿＿　　＿＿年＿＿月＿＿日
批准：＿＿＿＿＿＿＿　　＿＿年＿＿月＿＿日

＿＿＿＿＿＿供电公司

1. 适用范围

本执行卡适用于 110kV ××变电所××主变 C 级检修试验。

2. 电气试验作业风险控制卡

工作票编号		工作开始时间	年 月 日 时 分
		工作结束时间	年 月 日 时 分

序号	开工条件	✓
1	温度不小于 5℃、湿度不大于 80%	
2	作业人员的身体状况和精神状态良好，没有出现疲劳困乏或情绪异常	
3	试验用设备齐全，状况良好、在检验有效期内	
4	现场核对被试设备铭牌，确认设备状态	

	开工后控制措施		
序号	危险因素	控制措施	✓
1	作业人员进入作业现场不戴安全帽，不穿绝缘鞋，试验操作人员不站在绝缘垫上操作可能会发生人身伤害事故	进入试验现场，试验人员必须正确佩戴安全帽，穿绝缘鞋，试验操作人员应站在绝缘垫上操作	
2	作业人员进入作业现场可能会发生走错间隔及与带电设备保持距离不够情况	开始试验前，负责人应对全体试验人员详细说明试验中的安全注意事项。根据带电设备的电压等级，试验人员应注意保持与带电体的安全距离不应小于《安规》中规定的距离	
3	主变套管进行试验接（拆）线造成作业人员高空坠落	主变 110 kV 侧试验接（拆）线使用安全带	
4	本体上面空间较小，常沾有油污造成人员打滑坠落	在本体上进行试验时，必须先清除油污，做好防坠落措施； 必要时可以系安全带防止坠落	
5	登高作业时，易高空坠落，竹梯搬运或举起、放倒时可能失控及带电设备	作业人员在高处作业时应系保险带，并将保险带系在牢固构件上； 在竹梯上作业，必须用绳索绑扎牢固，竹梯下部应派专人扶持，并加强现场安全监护； 选择竹梯要得当，使用前要检查竹梯有否断档开裂现象，竹梯与地面的夹角应在 60°左右，竹梯应放倒二人搬运，举起竹梯应两人配合防止倒向带电部位； 竹梯上作业应使用工具袋，严禁上下抛掷物品	
6	试验时试验仪器外壳没接地，造成外壳带高压而试验人员触电	试验时试验仪器外壳必须可靠接地，试验仪器与设备的接线应牢固可靠，试验人员站在绝缘垫上操作	
7	试验时挂接高压引线时，挂在相邻带电设备上，造成触电和仪器损坏	在带电设备附近挂接高压引线前必须核对命名，挂接时有专人监护	

序号	危险因素	控制措施	√
8	试验人员在更改接线时，没有对被试设备放电接地，造成改线人员触电	遇异常情况、变更接线或试验结束时，应首先将电压回零，然后断开电源侧刀闸，并在试品和加压设备的输出端分放电并接地，对大电容量试品还必须反复放电	
9	试验时，没有围栏或围栏有缺口，其他人员突然窜入造成触电；在围栏完好时，其他人员强行闯入，造成人员触电	试验时，必须做好封闭围栏，向外悬挂"止步，高压危险！"的标示牌，并有专人监护，升压时试验人员注意力高度集中，防止其他人员突然窜入和其他异常情况发生	
10	试验人员配合不默契，或没有高声呼唱，由于误升压造成试验人员触电	试验人员升压时必须高声呼唱，升压前核对仪表量程及等级和零位	
11	试验设备和被试设备因不良气象条件和表面脏污引起外绝缘闪络	试验应在天气良好的情况下进行，遇雷雨大风等天气应停止试验，禁止在雨天和湿度大于80%时进行试验，保持设备绝缘表面清洁	
12	对被试变压器进行高压试验时，由于系统感应电可能会造成对试验人员和设备的伤害	拆除被试变压器各侧绕组与系统高压的一切引线，试验前，将被试变压器各侧绕组短路接地，充分放电。放电时应采用专用绝缘工具，不得用手触碰放电导线	
13	测量变压器绕组电阻时，可能会造成试验人员触电	任一绕组测试完毕，应进行充分放电后，才能更改接线	
14	主变套管上部试验引线夹头脱落，造成人员触电伤害	做主变试验时，主变套管上部试验引线夹头要装设牢固，试验引线不能受力过大	
15	试验完成后没有恢复设备原来状态导致事故发生	试验结束后，恢复被试设备原来状态，进行检查和清理现场	
风险变更及其他情况			

3. 试验工序质量控制卡

一		试 验 准 备	
编号	项目	要求	执行情况（√）
1	试验负责人根据工作票内容、班前会交底、现场具体的生产环境及条件等，交代试验安全措施和注意事项	交底详细明确	
2	试验前一次性完成试验所需的安全措施	正确得当	
3	试验负责人进行试验人员的分工	分工明确	

二		试验过程	
编号	试验项目	标准要求	结果（√）
1	频响法变压器绕组变形试验	谐振点应无明显变化	
2	变压器绕组变形低电压短路阻抗试验	1. 在相同测试电流情况下，低电压短路阻抗测试结果与出厂值的偏差一般不大于2%。 2. 低电压短路阻抗测试电流一般不小于10A	
3	测量变压器高压侧、低压侧绕组连同套管的绝缘电阻、吸收比、极化指数	1. 绝缘电阻值不低于产品出厂试验值的70%。 2. 吸收比、极化指数与产品出厂值相比应无明显差别。 3. 吸收比不小于1.3或极化指数不小于1.5或绝缘电阻不小于10000MΩ	
4	测量变压器高压侧、低压侧绕组连同套管的介质损耗	tanδ值不应大于产品出厂值的130%	
5	测量变压器电容型套管末屏的绝缘电阻	末屏对地的绝缘电阻不应低于1000MΩ	
6	测量变压器电容型套管的介质损耗、电容量	1. 20℃时tanδ值应不大于0.007（油浸纸）。 2. 当电容型套末屏对地绝缘电阻小于1000MΩ时，应测量末屏对地tanδ，不应大于0.02。 3. 电容型套管的电容值与出厂值的差别超±5%时，应查明原因	
7	测量变压器绕组的直流电阻	1. 三相绕组电阻同温下相互间的差别不应大于三相平均值的2%，无中性点引出的绕组，线间差别不应大于三相平均值的1%。 2. 与同温度下出厂值比较，其变化不应大于2%	
8	测量变压器铁芯、夹件的绝缘电阻	持续时间为1min，应无闪络及击穿现象	
9	有载分接开关试验	1. 正反方向的切换程序与时间均应符合制造厂要求。 2. 绝缘油注入切换开关油箱前，其击穿电压≥40kV。 3. 二次回路绝缘≥1MΩ	
三		试验终结	
1	试验负责人确认试验项目是否齐全	无遗漏	
2	试验负责人检查实测值是否准确	试验数据准确无误	
3	试验负责人检查被试设备是否恢复到试验前的状态	确认无误	
4	确认被试设备上无遗留物	检查确认无遗留物	

三		试验终结		
5	拆除试验专用安全措施	无遗漏		
6	清理试验现场，试验人员撤离	无遗漏		
7	试验负责人负责向现场负责（总工作票）人汇报试验情况及结果	及时准确		
四		试验总结		
自检记录	试验结果			
	存在问题及处理意见			
试验负责人			试验人员	
试验日期				

110kV ____变电所____油纸电容型电流互感器
C级检修试验执行卡
（初级版）

编写：_____　　　____年____月____日
审核：_____　　　____年____月____日
批准：_____　　　____年____月____日

_____供电公司

1. 适用范围

本执行卡适用于××kV××变电所油纸电容型电流互感器停电例行试验。

2. 电气试验作业风险控制卡

工作票编号		工作开始时间	年 月 日 时 分
		工作结束时间	年 月 日 时 分

序号	开工条件	√
1	温度不小于5℃、湿度不大于80%	
2	作业人员的身体状况和精神状态良好，没有出现疲劳困乏或情绪异常	
3	试验用设备齐全，状况良好、在检验有效期内	
4	对外来人员告知危险点及安全注意事项并使用外来人员安全教育卡	
5	现场核对被试设备铭牌，确认被试设备状态	

	开工后控制措施		
序号	危险因素	控制措施	√
1	作业人员进入作业现场不戴安全帽，不穿绝缘鞋，试验操作人员不站在绝缘垫上操作可能会发生人身伤害事故	进入试验现场，试验人员必须正确佩戴安全帽，穿绝缘鞋，试验操作人员应站在绝缘垫上操作	
2	作业人员进入作业现场可能会发生走错间隔及与带电设备保持距离不够情况	开始试验前，负责人应对全体试验人员详细说明试验中的安全注意事项。根据带电设备的电压等级，试验人员应注意保持与带电体的安全距离不应小于《安规》中规定的距离	
3	高压试验区不设安全围栏或安全围栏有缺口，会使非试验人员误入试验场地，造成触电	高压试验区应装设专用遮栏或围栏，向外悬挂"止步，高压危险！"的标示牌，并有专人监护，严禁非试验人员进入试验场地	
4	加压时无人监护，升压过程不呼唱，可能会造成误加压或非试验人员误入试验区，造成触电或设备损坏	试验过程应派专人监护，升压时进行呼唱，试验人员在试验过程中注意力应高度集中，防止异常情况的发生。当出现异常情况时，应立即停止试验，查明原因后，方可继续试验	
5	登高作业时，易高空坠落，梯子搬运或举起、放倒时可能失控触及带电设备	作业人员在高处作业时应系保险带，并将保险带系在牢固构件上； 在梯子上作业，必须用绳索绑扎牢固，梯子下部应派专人扶持，并加强现场安全监护； 选择梯子要得当，使用前要检查梯子有否断档开裂现象，梯子与地面的夹角应在60°左右，梯子应放倒二人搬运，举起梯子应两人配合防止倒向带电部位； 梯子上作业应使用工具袋，严禁上下抛掷物品	
6	试验时试验仪器接地不良，可能会造成试验人员伤害和仪器损坏	试验时试验仪器接地端和金属外壳必须可靠接地，试验仪器与设备的接线应牢固可靠	

序号	危险因素	控制措施	√
7	试验时挂接高压引线时,挂在相邻带电设备上,造成触电和仪器损坏	在带电设备附近挂接高压引线前必须核对命名,挂接时有专人监护	
8	试验人员在更改接线时,没有断开电源,没有对被试设备充分放电接地,可能会对试验人员造成伤害	遇异常情况、变更接线或试验结束时,应首先将电压回零,然后断开电源侧刀闸,并在试品和加压设备的输出端充分放电并接地	
9	试验设备和被试设备应不良气象条件和外绝缘脏污引起外绝缘闪络	高压试验应在天气良好的情况下进行,遇雷雨大风等天气应停止试验,禁止在雨天和湿度大于80%时进行试验,保持设备表面绝缘清洁	
10	交流耐压试验时电流互感器一、二次绕组分别开路或不接地而产生高压损坏被试设备	交流耐压试验前应将电流互感器被试绕组短接,非被试绕组短路接地	
11	末屏开路引起流变损坏	试验加压前应检查引线与末屏接触是否良好,试验后应检查末屏接地是否可靠	
12	试验人员配合不默契,或没有高声呼唱,由于误升压造成试验人员触电	试验人员升压时必须高声呼唱,升压前核对仪表量程及等级和零位	
13	设备试验时,绝缘操作杆较长,如遇大风或操作不当,绝缘操作杆会横向倒向邻近带电设备	在进行换接试验接线时,绝缘杆操作人要集中精力,防止使绝缘棒脱手 试验操作人站位要在被试设备内侧,保持与邻近带电间隔安全距离,避免绝缘操作杆倒下时引起事故必要时由二人同时操作绝缘杆,在风力较大时停止试验作业	
14	试验完成后没有恢复设备原来状态导致事故发生风险变更及其他情况	试验结束后,恢复被试设备原来状态,进行检查和清理现场	

3. 试验工序质量控制卡

一		试 验 准 备	
编号	项目	要求	执行情况(√)
1	试验负责人根据工作票内容、班前会交底、现场具体的生产环境及条件等,交代试验安全措施和注意事项	交底详细明确	
2	试验前一次性完成试验所需的安全措施	正确得当	
3	试验负责人进行试验人员的分工	分工明确	

二	试 验 过 程		
编号	试验项目	标准要求	结果（√）
1	测量绕组绝缘电阻	1. 一次绕组：不小于3000 MΩ（注意值）。 2. 末屏对地（电容型）：不小于1000MΩ（注意值）。 3. 必要时结合末屏介损综合判断	
2	测量电容量及介质损耗因素	1. 电容量初值差不超过±5%（警示值）。 2. 介质损耗因数满足下表要求（注意值） 电压等级/kV｜110｜220 介质损耗因素｜≤0.008｜≤0.007 （倒置式电流互感器的电容量和介损损耗因数测量应同时进行正接法和反接法测量）	

三	试 验 终 结		
编号	项目	要求	执行情况（√）
1	试验负责人确认试验项目是否齐全	无遗漏	
2	试验负责人检查实测值是否准确	试验数据准确无误	
3	试验负责人检查被试设备是否恢复到试验前的状态	确认无误	
4	确认被试设备上无遗留物	检查确认无遗留物	
5	拆除试验专用安全措施	无遗漏	
6	清理试验现场，试验人员撤离	无遗漏	
7	试验负责人负责向现场负责（总工作票）人汇报试验情况及结果	及时准确	

四	试 验 总 结	
自检记录	试验结果	
	存在问题及处理意见	

D.3　110 kV ××变电所××容式电压互感器
C 级检修试验执行卡（初级版）

110kV ____变电所____容式电压互感器
C 级检修试验执行卡
（初级版）

编写：_____　　__年___月___日

审核：_____　　__年___月___日

批准：_____　　__年___月___日

_____供电公司

1. 适用范围

本执行卡适用于××变电所110～220kV ××电容式电压互感器停电例行试验。

2. 电气试验作业风险控制卡

工作票编号		工作开始时间	年　月　日 时　分
		工作结束时间	年　月　日 时　分

序号	开工条件	√
1	温度不小于5℃、湿度不大于80%	
2	作业人员的身体状况和精神状态良好，没有出现疲劳困乏或情绪异常	
3	升高车状况良好，指挥人员资质确认及持证上岗	
4	试验用设备齐全、状况良好、在检验有效期内	
5	对外来人员告知危险点及安全注意事项并使用外来人员安全教育卡	
6	现场核对被试设备铭牌，确认设备状态	

开工后控制措施			
序号	危险因素	控制措施	√
1	作业人员进入作业现场不戴安全帽，不穿绝缘鞋，试验操作人员不站在绝缘垫上操作可能会发生人身伤害事故	进入试验现场，试验人员必须正确佩戴安全帽、穿绝缘鞋，试验操作人员应站在绝缘垫上操作	
2	作业人员进入作业现场可能会发生走错间隔及与带电设备保持距离不够情况	开始试验前，负责人应对全体试验人员详细说明试验中的安全注意事项。根据带电设备的电压等级，试验人员应注意保持与带电体的安全距离不应小于《安规》中规定的距离	
3	高压试验区不设安全围栏，会使非试验人员误入试验场地，造成触电	高压试验区应装设专用遮栏或围栏，向外悬挂"止步，高压危险！"的标示牌，并有专人监护，严禁非试验人员进入试验场地	
4	加压时无人监护，升压过程不呼唱，可能会造成误加压或设备损坏，人员触电	试验过程应派专人监护，升压时进行呼唱，试验人员在试验过程中注意力应高度集中，防止异常情况的发生。当出现异常情况时，应立即停止试验，查明原因后，方可继续试验	
5	登高作业可能会发生高空坠落或设备损坏	工作中如需使用登高工具时，应做好防止设备件损坏和人员高空摔跌的安全措施	
6	试验中接地不良，可能会造成试验人员伤害和仪器损坏	试验器具的接地端和金属外壳应可靠接地，试验仪器与设备的接线应牢固可靠	
7	不断开电源，不挂接地线，可能会对试验人员造成伤害	遇异常情况、变更接线或试验结束时，应首先将电压回零，然后断开电源侧刀闸，并在试品和加压设备的输出端充分放电并接地	

序号	危险因素	控制措施	√
8	试验设备和被试设备因不良气象条件和表面脏污引起外绝缘闪络	试验应在天气良好的情况下进行，遇雷雨大风等天气应停止试验，禁止在雨天和湿度大于80％时进行试验，保持设备绝缘表面清洁	
9	电容式电压互感器的接地端损坏	测试一体式的电容式电压互感器时，特别要注意将中间变压器的一次低压端X可靠接地	
10	二次回路开关未拉开或未取下二次熔丝，会造成二次倒送电	必须确认已拉开二次开关或取下二次熔丝	
11	电容式电压互感器的中间压变一次绕组损坏	在进行中间压变自励磁法测量电容器单元的电容量及介质损耗时，其余非加压的二次绕组需开路，同时严格控制励磁电流	
12	试验完成后没有恢复设备原来状态导致事故发生	试验结束后，恢复被试设备原来状态，进行检查和清理现场	
13	在电容式电压互感器二次回路箱内拆线后恢复时接线错误导致事故发生	在电容式电压互感器二次回路箱内拆线时应做好标记，以谁拆谁恢复的原则恢复接线	
14	高压试验引线连接不可靠，可能会造成对试验人员和设备的伤害	高压试验引线与被试部分应连接牢固，必要时应加以支撑固定，并检查试验引线对周围及地保持足够的安全距离	

风险变更及其他情况

3. 试验工序质量控制卡

一	试 验 准 备		
序号	项目	要求	执行情况（√）
1	试验负责人根据工作票内容、班前会交底、现场具体的生产环境及条件等，交代试验安全措施和注意事项	交底详细明确	
2	试验前一次性完成试验所需的安全措施	正确得当	
3	试验负责人进行试验人员的分工	分工明确	
二	试 验 过 程		
序号	试验项目	标准要求	结果（√）
1	测量电容分压单元及中间变压器各侧绕组绝缘电阻及接地（δ）端的绝缘电阻	1. 电容单元各元件极间绝缘电阻不低于5000MΩ。低压端对地绝缘电阻不低于1000 MΩ。 2. 中间变压器各侧绕组的绝缘电阻值与产品出厂值比较，应无明显差别（可进行时）	

二	试 验 过 程		
序号	试验项目	标准要求	结果（√）
2	电容单元 tanδ 及电容量	1. 电容量与出厂值比较其变化应在−5%～+10%范围内。 2. tanδ 油纸绝缘 ≤0.005；膜纸复合绝缘 ≤0.002	
3	二次绕组直流电阻测量值及阻尼电阻	与换算到同一温度下的出厂值比较，相差不大于15%	
4	中间变压器变比	与制造厂铭牌值相符	
5	中间变压器绕组引出线的极性	符合设计要求，与铭牌和端子标志相符	
三	试 验 终 结		
序号	项目	要求	执行情况（√）
1	试验负责人确认试验项目是否齐全	无遗漏	
2	试验负责人检查实测值是否准确	试验数据准确无误	
3	试验负责人检查被试设备是否恢复到试验前的状态	确认无误	
4	确认被试设备上无遗留物	检查确认无遗留物	
5	拆除试验专用安全措施	无遗漏	
6	清理试验现场，试验人员撤离	无遗漏	
7	试验负责人负责向现场负责（总工作票）人汇报试验情况及结果	及时准确	
四	试 验 总 结		
自检记录	试验结果		
	存在问题及处理意见		
试验负责人		试验人员	
试验日期			

D.4 110kV××变电所××避雷器 C 级检修试验执行卡
（初级版）

110kV＿＿＿变电所＿＿＿避雷器
C 级检修试验执行卡
（初级版）

编写：＿＿＿＿＿＿＿＿　　　＿＿＿年＿＿＿月＿＿＿日

审核：＿＿＿＿＿＿＿＿　　　＿＿＿年＿＿＿月＿＿＿日

批准：＿＿＿＿＿＿＿＿　　　＿＿＿年＿＿＿月＿＿＿日

＿＿＿＿＿＿供电公司

1. 适用范围

本执行卡适用于××变电所××避雷器停电例行试验。

2. 电气试验作业风险控制卡

工作票编号			工作开始时间	年　月 日　时 分
			工作结束时间	年　月 日　时 分

序号	开工条件			√
1	温度不小于5℃、湿度不大于80%			
2	作业人员的身体状况和精神状态良好，没有出现疲劳困乏或情绪异常			
3	高架车状况良好，指挥人员资质确认及持证上岗			
4	试验用设备齐全，状况良好、在检验有效期内			
5	对外来人员告知危险点及安全注意事项并使用外来人员安全教育卡			
6	现场核对被试设备铭牌，确认被试设备状态			

<table>
<tr><td colspan="4" align="center">开工后控制措施</td></tr>
<tr><td>序号</td><td>危险因素</td><td>控制措施</td><td>√</td></tr>
<tr><td>1</td><td>作业人员进入作业现场不戴安全帽，不穿绝缘鞋，操作人员未站在绝缘垫上可能会发生人员伤害事故</td><td>进入试验现场，试验人员必须正确佩戴安全帽，穿绝缘鞋，操作人员必须站在绝缘垫上</td><td></td></tr>
<tr><td>2</td><td>作业人员进入作业现场可能会发生走错间隔及与带电设备保持距离不够情况</td><td>开始试验前，负责人应对全体试验人员详细说明试验中的安全注意事项。根据带电设备的电压等级，试验人员应注意保持与带电体的安全距离不应小于《安规》中规定的距离</td><td></td></tr>
<tr><td>3</td><td>高压试验区不设安全围栏，会使非试验人员误入试验场地，可能会造成人员触电</td><td>试验区应装设专用遮栏或围栏，向外悬挂"止步，高压危险！"的标示牌，并有专人监护，严禁非试验人员进入试验场地</td><td></td></tr>
<tr><td>4</td><td>加压时无人监护，升压过程不呼唱，可能会造成误加压或非试验人员误入试验区，造成触电或设备损坏</td><td>试验过程应派专人监护，升压时进行呼唱，试验人员在试验过程中注意力高度集中，防止异常情况的发生。当出现异常情况时，应立即停止试验，查明原因后，方可继续试验</td><td></td></tr>
<tr><td>5</td><td>登高作业可能会发生高空坠落或设备损坏</td><td>工作中如需使用登高工具时，应做好防止设备损坏和人员高空摔跌的安全措施</td><td></td></tr>
<tr><td>6</td><td>接地不良，可能会造成试验人员伤害和仪器损坏</td><td>试验器具的接地端和金属外壳应可靠接地，试验仪器与设备的接线应牢固可靠</td><td></td></tr>
<tr><td>7</td><td>不断开电源，不挂接地线，可能会对试验人员造成伤害</td><td>遇到异常情况查找原因、变更接线或试验结束时，应首先将电压回零，然后断开电源侧刀闸，并在试品和加压设备的输出端充分放电并接地</td><td></td></tr>
</table>

序号	危险因素	控制措施	√
8	试验设备和被试设备应不良气象条件和外绝缘脏污引起外绝缘闪络	高压试验应在天气良好的情况下进行,遇雷雨大风等天气应停止试验,禁止在雨天和湿度大于80%时进行试验,保持设备表面绝缘清洁	
9	进行绝缘电阻测量和高压直流试验后不对试品充分放电,会发生电击	为保证人身和设备安全,在进行绝缘电阻测量和高压直流试验后应对试品充分放电	
10	不采取预防感应电触电措施,可能会对设备及人员造成伤害	在试验接线和拆线时应采取必要的防止感应电触电措施,防止感应电伤人	
11	试验结束后未在相邻设备上接地放电,可能会对人员造成伤害	相邻未投运设备应接地放电	
12	试验完成后没有恢复设备原来状态导致事故发生	试验结束后,恢复被试设备原来状态,进行检查和清理现场	
风险变更及其他情况			

3. 试验工序质量控制卡

一		试 验 准 备	
序号	项目	要求	执行情况(√)
1	试验负责人根据工作票内容、班前会交底、现场具体的生产环境及条件等,交代试验安全措施和注意事项	交底详细明确	
2	试验前一次性完成试验所需的安全措施	正确得当	
3	试验负责人进行试验人员的分工	分工明确	

二		试 验 过 程	
序号	试验项目	标准要求	结果(√)
1	测量绝缘电阻	1. U_{1mA} 实测值与制造厂规定值比较,变化不应大于±5%。 2. $0.75U_{1mA}$ 下的泄漏电流不应大于 $50\mu A$;或符合产品技术条件	
2	测量直流 1mA(U_{1mA})电压及 $0.75U_{1mA}$ 下的泄漏电流	1. 直流 1mA(U_{1mA})电压不应低于附录 A 的规定值;且实测值与初始值或出厂值比较,变化不应大于±5%。 2. $0.75U_{1mA}$ 下的泄漏电流不应大于 $50\mu A$	
3	测量避雷器基座绝缘电阻	基座绝缘电阻不低于 $5M\Omega$	
4	检查在线监测仪及放电计数器的动作情况	动作应可靠,避雷器监视电流表应经过校验。	
5	工频参考电流下的工频参考电压	1. 避雷器持续运行电压下的持续电流,其阻性电流或总电流应符合产品技术条件的规定。 2. 常用避雷器的持续运行电压参考值见附录 G	

三		试 验 终 结		
序号	项目	要求		执行情况（√）
1	试验负责人确认试验项目是否齐全	无遗漏		
2	试验负责人检查实测值是否准确	试验数据准确无误		
3	试验负责人检查被试设备是否恢复到试验前的状态	确认无误		
4	确认被试设备上无遗留物	检查确认无遗留物		
5	拆除试验专用安全措施	无遗漏		
6	清理试验现场，试验人员撤离	无遗漏		
7	试验负责人负责向现场负责（总工作票）人汇报试验情况及结果	及时准确		
四		试 验 总 结		
自检记录	试验结果			
	存在问题及处理意见			
试验负责人		试验人员		
试验日期				

D.5 110kV××变电所××真空断路器 C 级检修试验执行卡
（初级版）

110kV＿＿＿变电所＿＿＿真空断路器
C 级检修试验执行卡
（初级版）

编写：＿＿＿＿＿＿＿＿ ＿＿＿年＿＿＿月＿＿＿日
审核：＿＿＿＿＿＿＿＿ ＿＿＿年＿＿＿月＿＿＿日
批准：＿＿＿＿＿＿＿＿ ＿＿＿年＿＿＿月＿＿＿日

＿＿＿＿＿＿＿供电公司

1. 适用范围

本执行卡适用于××变电所 10kV 真空断路器停电例行试验。

2. 电气试验作业风险控制卡

工作票编号		工作开始时间	年　月　日 时　　分
		工作结束时间	年　月　日 时　　分

序号	开工条件	√
1	温度不小于 5℃、湿度不大于 80％	
2	作业人员的身体状况和精神状态良好，没有出现疲劳困乏或情绪异常	
3	试验用设备齐全，状况良好、在检验有效期内	
4	对外来人员告知危险点及安全注意事项并使用外来人员安全教育卡	
5	了解被试设备状况，现场核对被试设备铭牌，确认设备状态	

开工后控制措施

序号	危险因素	控制措施	√
1	作业人员进入作业现场不戴安全帽，不穿绝缘鞋，操作人员没有站在绝缘垫上可能会发生人员伤害事故	进入试验现场，试验人员必须正确佩戴安全帽，穿绝缘鞋，操作人员站在绝缘垫上	
2	作业人员进入作业现场可能会发生走错间隔及与带电设备保持距离不够情况	开始试验前，负责人应对全体试验人员详细说明试验中的安全注意事项。根据带电设备的电压等级，试验人员应注意保持与带电体的安全距离不应小于《安规》中规定的距离	
3	高压试验区不设安全围栏或安全围栏有缺口，会使非试验人员误入试验场地，造成触电	试验区应装设专用遮栏或围栏，应向外悬挂"止步，高压危险！"的标示牌，并有专人监护，严禁非试验人员进入试验场地	
4	加压时无人监护，升压过程不呼唱，可能会造成误加压或非试验人员误入试验区，造成人员触电或设备损坏	试验过程应派专人监护，升压时进行呼唱，试验人员在试验过程中注意力应高度集中，防止异常情况的发生。当出现异常情况时，应立即停止试验，查明原因后，方可继续试验。试验人员应站在绝缘垫上	
5	登高作业可能会发生高空坠落和设备损坏	工作中如需使用登高工具时，应做好防止设备损坏和人员高空摔跌的安全措施	
6	试验设备接地不良，可能会造成试验人员伤害或仪器损坏	试验器具的接地端和金属外壳应可靠接地，试验仪器与设备的接线应牢固可靠	
7	忘记断开试验电源，忘记挂接地线，可能会对试验人员造成伤害	遇异常情况、变更接线或试验结束时，应首先将电压回零，然后断开电源侧刀闸，并在试品和加压设备的输出端充分放电并接地	
8	试验设备和被试设备因不良气象条件和外绝缘脏污引起外绝缘闪络	高压试验应在天气良好的情况下进行，遇雷雨大风等天气应停止试验，禁止在雨天和湿度大于 80％ 时进行试验，保持设备绝缘清洁	

序号	危险因素	控制措施	√
9	注意分、合闸线圈铭牌标注的额定动作电压，造成低电压试验误加电压使线圈损坏	核对分、合闸线圈铭牌，注意控制试验加压范围	
10	分、合闸试验时，可能会造成检修人员人身伤害事故	在试验中，应停下与此断路器相连设备（如电流互感器等）的工作，并提醒相关工作人员	
11	外接直流电源进行试验时，可能会串入运行直流系统，造成系统跳闸事故	试验前须将断路器的二次控制回路的直流电源拉掉	
12	试验完成后没有恢复设备原来状态导致事故发生	试验结束后，恢复被试设备原来状态，进行检查和清理现场	
风险变更及其他情况			

3. 试验工序质量控制卡

一		试 验 准 备	
编号	项目	要求	执行情况（√）
1	试验负责人根据工作票内容、班前会交底、现场具体的生产环境及条件等，交代试验安全措施和注意事项	交底详细明确	
2	试验前一次性完成试验所需的安全措施	正确得当	
3	试验负责人进行试验人员的分工	分工明确	
二		试 验 过 程	
1	主回路电阻测量	≤1.2倍初值（注意值）	
2	分合闸电阻阻值及绝缘电阻	≤1.2倍初值（注意值）	
3	耐压试验	在断口分闸和合闸状态下分别进行，电压42kV、时间1min通过	
4	操动机构检查和测试	1. 合闸脱扣器在额定电源电压的85％～110％范围内应可靠动作；并联分闸脱扣器在额定电源电压的65％～110％（直流），应可靠动作；当电源电压低于额定电压的30％时，脱扣器不应脱扣；最低动作电压初值差应无明显变化。 2. 分、合闸线圈电阻测量，结果应符合设备技术文件要求或与线圈电阻初值差不超过±5％作为判据。 3. 储能电动机工作电流及储能时间检测，检测结果应符合设备技术文件要求。储能电动机应能在85％～110％的额定电压下可靠工作。 4. 测量辅助回路和控制回路的绝缘电阻，应无显著下降	

三	试　验　终　结		执行情况（√）
编号	项目	要求	
1	试验负责人确认试验项目是否齐全	无遗漏	
2	试验负责人检查实测值是否准确	试验数据准确无误	
3	试验负责人检查被试设备是否恢复到试验前的状态	确认无误	
4	确认被试设备上无遗留物	检查确认无遗留物	
5	拆除试验专用安全措施	无遗漏	
6	清理试验现场，试验人员撤离	无遗漏	
7	试验负责人负责向现场负责（总工作票）人汇报试验情况及结果	及时准确	
四	试　验　总　结		
自检记录	试验结果		
	存在问题及处理意见		
试验负责人		试验人员	
试验日期			

D.6 110 kV ××变电所××SF$_6$断路器 C 级检修试验执行卡
（初级版）

110kV＿＿＿＿变电所＿＿＿＿SF$_6$断路器
C 级检修试验执行卡
（初级版）

编写：＿＿＿＿＿＿＿＿＿　　＿＿＿年＿＿＿月＿＿＿日
审核：＿＿＿＿＿＿＿＿＿　　＿＿＿年＿＿＿月＿＿＿日
批准：＿＿＿＿＿＿＿＿＿　　＿＿＿年＿＿＿月＿＿＿日

＿＿＿＿＿＿＿供电公司

1. 适用范围

本执行卡适用于××变电所×× kV SF$_6$断路器停电例行试验。

2. 电气试验作业风险控制卡

工作票编号		工作开始时间	年 月 日 时 分
		工作结束时间	年 月 日 时 分

序号	开工条件	√
1	温度不小于5℃、湿度不大于80%	
2	作业人员的身体状况和精神状态良好，没有出现疲劳困乏或情绪异常	
3	试验用设备齐全，状况良好、在检验有效期内	
4	对外来人员告知危险点、及安全注意事项并使用外来人员安全教育卡	
5	了解被试设备状况，现场核对被试设备铭牌，确认设备状态	

开工后控制措施

序号	危险因素	控制措施	√
1	作业人员进入作业现场不戴安全帽，不穿绝缘鞋，操作人员没有站在绝缘垫上可能会发生人员伤害事故	进入试验现场，试验人员必须正确佩戴安全帽，穿绝缘鞋，操作人员站在绝缘垫上	
2	作业人员进入作业现场可能会发生走错间隔及与带电设备保持距离不够情况	开始试验前，负责人应对全体试验人员详细说明试验中的安全注意事项。根据带电设备的电压等级，试验人员应注意保持与带电体的安全距离不应小于《安规》中规定的距离	
3	高压试验区不设安全围栏或安全围栏有缺口，会使非试验人员误入试验场地，造成触电	试验区应装设专用遮栏或围栏，应向外悬挂"止步，高压危险!"的标示牌，并有专人监护，严禁非试验人员进入试验场地	
4	加压时无人监护，升压过程不呼唱，可能会造成误加压或非试验人员误入试验区，造成人员触电或设备损坏	试验过程应派专人监护，升压时进行呼唱，试验人员在试验过程中注意力应高度集中，防止异常情况的发生。当出现异常情况时，应立即停止试验，查明原因后，方可继续试验。试验人员应站在绝缘垫上	
5	登高作业可能会发生高空坠落和设备损坏	工作中如需使用登高工具时，应做好防止设备损坏和人员高空摔跌的安全措施	
6	试验设备接地不良，可能会造成试验人员伤害或仪器损坏	试验器具的接地端和金属外壳应可靠接地，试验仪器与设备的接线应牢固可靠	
7	忘记断开试验电源，忘记挂接地线，可能会对试验人员造成伤害	遇异常情况、变更接线或试验结束时，应首先将电压回零，然后断开电源侧刀闸，并在试品和加压设备的输出端充分放电并接地	
8	试验设备和被试设备因不良气象条件和外绝缘脏污引起外绝缘闪络	高压试验应在天气良好的情况下进行，遇雷雨大风等天气应停止试验，禁止在雨天和湿度大于80%时进行试验，保持设备绝缘清洁	

序号	危险因素	控制措施	√
9	注意分、合闸线圈铭牌标注的额定动作电压，造成低电压试验误加电压使线圈损坏	核对分、合闸线圈铭牌，注意控制试验加压范围	
10	分、合闸试验时，可能会造成检修人员人身伤害事故	在试验中，应停下与此断路器相连设备（如电流互感器等）的工作，并提醒相关工作人员	
11	外接直流电源进行试验时，可能会串入运行直流系统，造成系统跳闸事故	试验前须将断路器的二次控制回路的直流电源拉掉	
12	试验完成后没有恢复设备原来状态导致事故发生	试验结束后，恢复被试设备原来状态，进行检查和清理现场	
风险变更及其他情况			

3. 试验工序质量控制卡

一	试 验 准 备		
编号	项目	要求	执行情况（√）
1	试验负责人根据工作票内容、班前会交底、现场具体的生产环境及条件等，交代试验安全措施和注意事项	交底详细明确	
2	试验前一次性完成试验所需的安全措施	正确得当	
3	试验负责人进行试验人员的分工	分工明确	
二	试 验 过 程		
编号	试验项目	标准要求	结果（√）
1	主回路电阻测量	≤1.2倍初值（注意值）	
2	分合闸电阻阻值及绝缘电阻	初值差不超过±5%（注意值）	
3	操动机构检查和测试	1. 合闸脱扣器在额定电源电压的85%～110%范围内应可靠动作；并联分闸脱扣器在额定电源电压的65%～110%（直流），应可靠动作；当电源电压低于额定电压的30%时，脱扣器不应脱扣；最低动作电压初值差应无明显变化。 2. 分、合闸线圈电阻测量，结果应符合设备技术文件要求或与线圈电阻初值差不超过±5%作为判据。 3. 储能电动机工作电流及储能时间检测，检测结果应符合设备技术文件要求。储能电动机应能在85%～110%的额定电压下可靠工作。 4. 测量辅助回路和控制回路的绝缘电阻，应无显著下降	

三	试 验 终 结		
编号	项目	要求	执行情况（√）
1	试验负责人确认试验项目是否齐全	无遗漏	
2	试验负责人检查实测值是否准确	试验数据准确无误	
3	试验负责人检查被试设备是否恢复到试验前的状态	确认无误	
4	确认被试设备上无遗留物	检查确认无遗留物	
5	拆除试验专用安全措施	无遗漏	
6	清理试验现场，试验人员撤离	无遗漏	
7	试验负责人负责向现场负责（总工作票）人汇报试验情况及结果	及时准确	
四	试 验 总 结		
自检记录	试验结果		
	存在问题及处理意见		
试验负责人		试验人员	
试验日期			

附录 E
规范性附录二

表 E-1 　　　　　　　　　变压器（电抗器）状态评价评分标准

序号	状态量	标准要求	评分标准
			主状态量
1	直流电阻	1. 各相绕组相互间的差别不大于三相平均值的 2%，无中性点引出线的绕组，线间偏差不大于三相平均值的 1%。 2. 与以前相同部位测得值折算到相同温度其变化不大于 2%	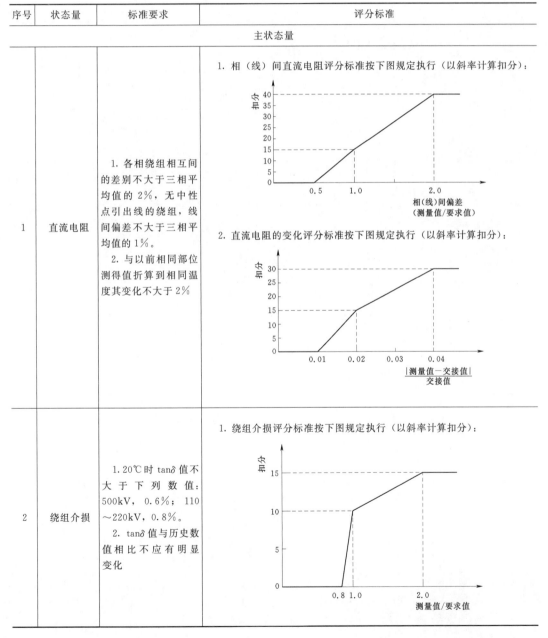
2	绕组介损	1. 20℃ 时 tanδ 值不大于下列数值：500kV，0.6%；110～220kV，0.8%。 2. tanδ 值与历史数值相比不应有明显变化	

序号	状态量	标准要求	评分标准
			主状态量
2	绕组介损	1. 20℃时 tanδ 值不大于下列数值：500kV，0.6%；110～220kV，0.8%。 2. tanδ 值与历史数值相比不应有明显变化	2. 绕组介损的变化评分标准按下图规定执行（以斜率计算扣分）： 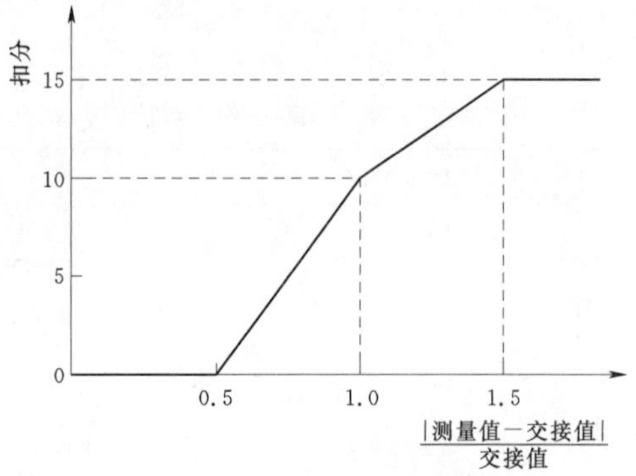 （图：纵轴 扣分，数值 0、5、10、15；横轴 $\dfrac{\|测量值-交接值\|}{交接值}$，数值 0.5、1.0、1.5）
3	铁芯绝缘	1. 与以前测量结果相比无明显差别。 2. 运行中铁芯接地电流一般不大于 0.1A	1. 铁芯绝缘电阻评分标准按下图规定执行（以斜率计算扣分）： 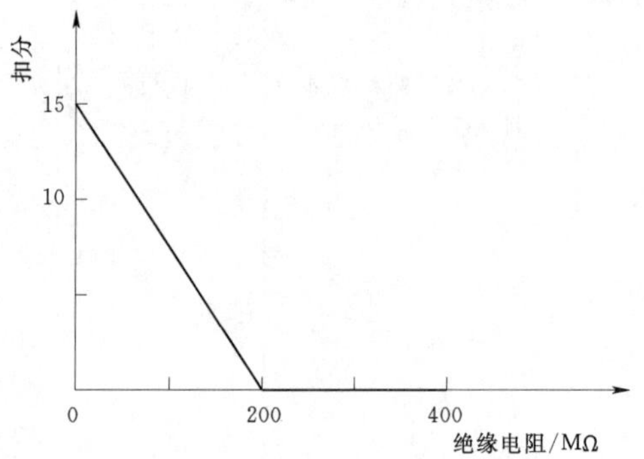 （图：纵轴 扣分，数值 10、15；横轴 绝缘电阻/MΩ，数值 0、200、400） 2. 铁芯接地电流评分标准按下图规定执行（以斜率计算扣分）： 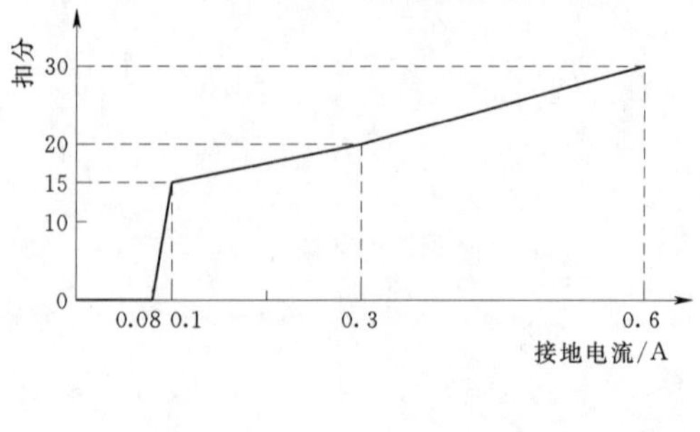 （图：纵轴 扣分，数值 0、10、15、20、30；横轴 接地电流/A，数值 0.08、0.1、0.3、0.6）

序号	状态量	标准要求	评分标准
			主状态量
4	绕组频谱、短路阻抗	1. 绕组频响曲线与原始档案相比无谐振点新增或消失。 2. 短路阻抗与原始值的差异<2%	
5	每次最大短路电流、累计短路次数	短路电流值大于70%的额定短路电流值列入统计	$扣分值 = \dfrac{短路电流值}{额定短路电流值} \times 2$，最多扣7分
6	顶层油温	强迫油循环风冷变压器上层油温一般不得超过85℃，油浸风冷和自冷变压器上层油温不宜经常超过85℃，最高一般不得超过95℃，制造厂有规定的可参照制造厂规定	不满足扣5分
7	接头温度	相间比<10K	

序号	状态量	标准要求	评分标准
			主状态量
8	总烃和氢气	$H_2 \leqslant 150\mu L/L$，总烃（$C_1 + C_2$）$\leqslant 150\mu L/L$，总烃相对产气速率$\leqslant 10\%$/月	

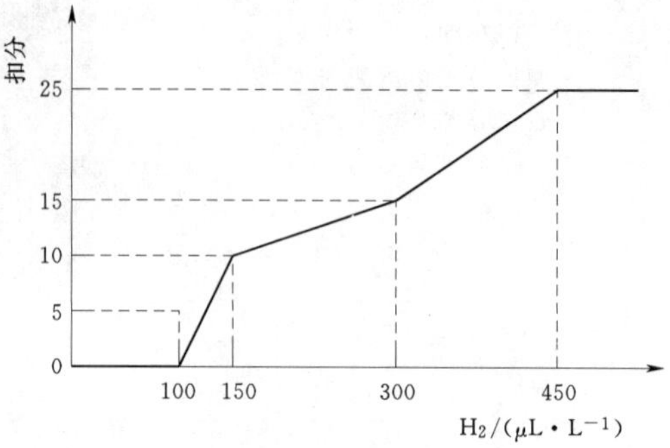

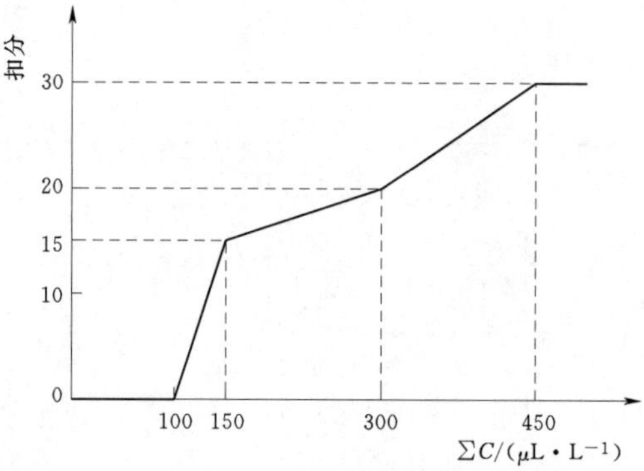

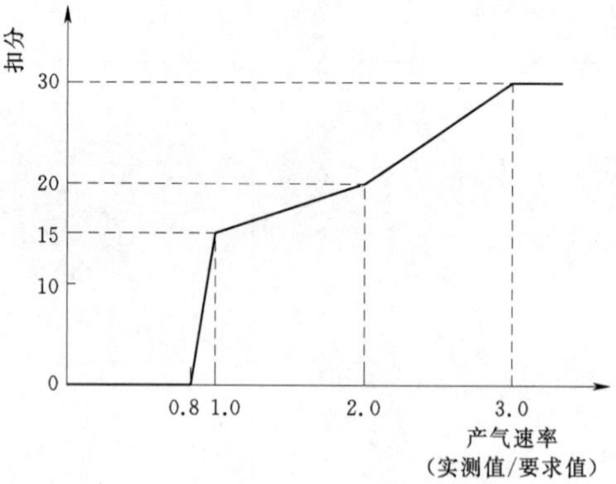

$H_2/(\mu L \cdot L^{-1})$

$\sum C/(\mu L \cdot L^{-1})$

产气速率
（实测值/要求值）

（仅适用于$\sum C$大于要求值时）

序号	状态量	标准要求	评分标准
			主状态量
9	乙炔（C₂H₂）	110kV～220kV 变压器 ≤ 5μL/L，500kV 变压器 ≤ 1μL/L	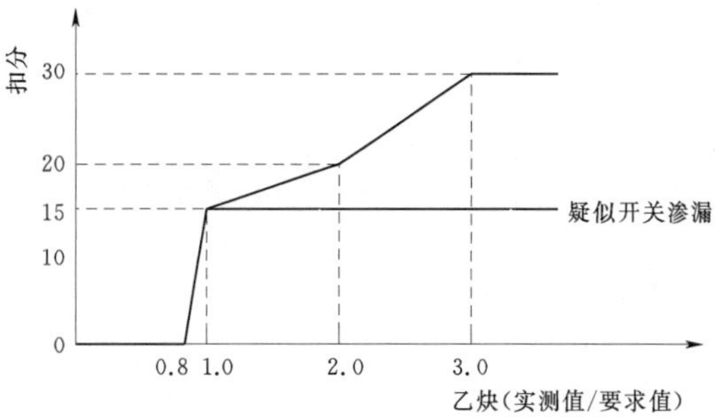 疑似开关渗漏
10	套管油位	油位指示在合理范围	油位看不见扣 20 分
11	套管介损	110kV 油纸电容型套管 tanδ≤1.0% 220～500kV 油纸电容型套管 tanδ≤0.8%	套管介损评分标准按下图规定执行（以斜率计算扣分） 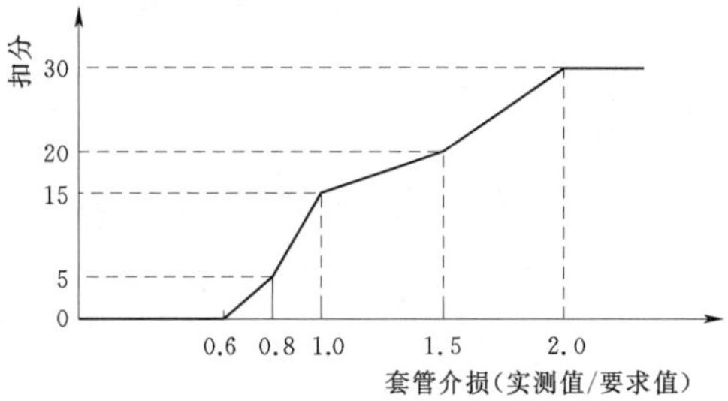
12	套管外绝缘抗污水平	外绝缘爬距应满足污区划分图的要求	评分标准按下图规定执行 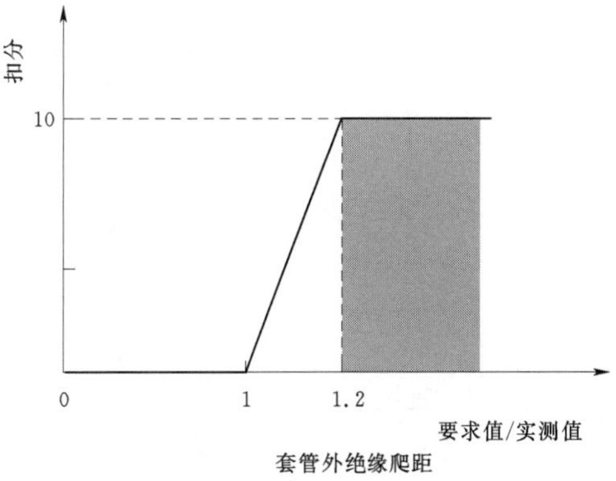
13	有载分接开关性能	切换波行试验合格	切换波行试验时间不合格扣 30 分，有间断（跌零）扣 40 分

序号	状态量	标准要求	评分标准
			主状态量
14	油泵温度	运行中不同油泵之间温度无异常	
15	冷却器电源定期自动切换	冷却器应有二套独立电源，并定期切换正常。	不满足扣 30 分
16	压力释放阀信号回路绝缘电阻	绝缘电阻不低于 1MΩ	不满足扣 30 分
17	重瓦斯信号回路绝缘电阻	绝缘电阻不低于 1MΩ	不满足扣 25 分
18	温度计信号回路绝缘电阻	绝缘电阻不低于 1MΩ	不满足扣 25 分
19	强油循环冷却器的负压区密封	不渗漏	不满足扣 15 分
20	分接开关操作次数	不超过规定值	1. 实际操作次数超过规定值扣 10 分。 2. 当满足累计操作次数＋平均每天操作次数×预设的检修周期（天）＞规定值时扣 6 分（仅适用于实际操作次数未超过规定值时）
21	冷却系统潜油泵振动	振动无明显异常	不满足扣 15 分

序号	状态量	标准要求	评分标准
		辅助状态量	
1	泄漏电流	与上次测量结果相比无明显变化	扣分图：横轴为本体泄漏电流（末次测量值/交接值），1.0、1.5、3.0；纵轴为扣分，0、5、10。1.0以下扣0分，1.5时扣5分，3.0及以上扣10分
2	绕组绝缘电阻的吸收比或极化指数	吸收比＞1.3 或极化指数＞1.5	分区图：横轴为吸收比或极化指数（测量值/要求值），0.8、0.9、1.0；纵轴为 MΩ（测量值/交接值），0.5、0.8、1.0。左上扣2分，右上扣0分，左下扣4分，右下扣2分
3	恢复电压	恢复电压最大值时的充电时间 T_C 注意值分别为：500kV 变压器，1000s；200kV 变压器，800s；110kV 变压器，600s	扣分图：横轴为 T_C（实测值/要求值）恢复电压倍数，0、0.25、1；纵轴为扣分，5、10。0~0.25 扣10分，0.25~1 扣5分
4	油介损	110~220kV 变压器 tanδ≤4%；500kV 变压器 tanδ≤2%	扣分图：横轴为油介损（实测值/要求值），0.6、0.8、1.0、1.5、2.0；纵轴为扣分，0、5、10、15。0.6以下扣0分，0.8时扣5分，1.0时扣10分，2.0及以上扣15分

序号	状态量	标准要求	评分标准
			辅助状态量
5	油击穿电压	110～220kV 变压器≥35kV，500kV 变压器≥50kV	扣分 15 5 0 0.5 1.0 油击穿电压（实测值/要求值）
6	油微水	110kV 变压器≤35mg/L，220kV 变压器≤25mg/L，500kV 变压器≤15mg/L	扣分 15 10 5 3 0 0.8 1.0 1.5 2.0 油微水（实测值/要求值）
7	含气量	500kV 变压器油中含气量（体积分数）一般不大于 3%	扣分 15 10 5 3 0 0.8 1.0 2.0 3.0 含气量（实测值/要求值）
8	糠醛含量	油中糠醛含量的注意值： $\lg(f) = -1.65 + 0.08t$ 式中，f 为糠醛含量，mg/L；t 为运行年数	扣分 10 5 3 0 1.0 2.0 3.0 4.0 糠醛（实测值/要求值）

续表

<table>
<tr><th>序号</th><th>状态量</th><th>标准要求</th><th>评分标准</th></tr>
<tr><td colspan="4">辅助状态量</td></tr>
<tr><td>9</td><td>套管电容量</td><td>电容型套管的电容量与出厂值或上次值相比的差别不超过±5%</td><td>1. 评分标准按下图规定执行
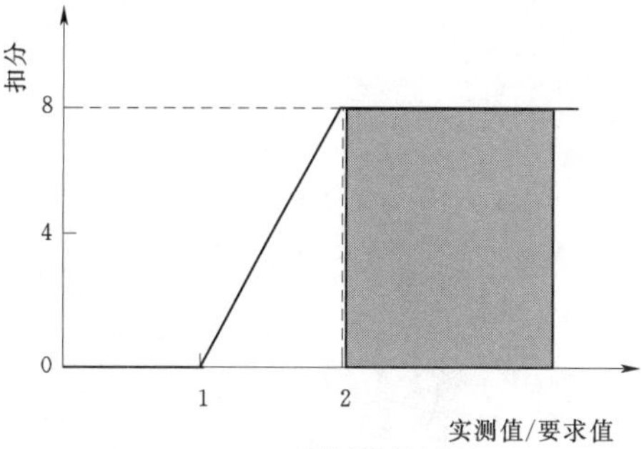

套管电容量(C_X)
2. 如果 tanδ>2 倍注意值且 C_X>1.15 倍出厂值（或上次测量值），加扣 2 分</td></tr>
<tr><td>10</td><td>套管末屏绝缘电阻</td><td>末屏绝缘电阻小于 1000MΩ 时，末屏介损不大于 2%</td><td>以斜率计算扣分
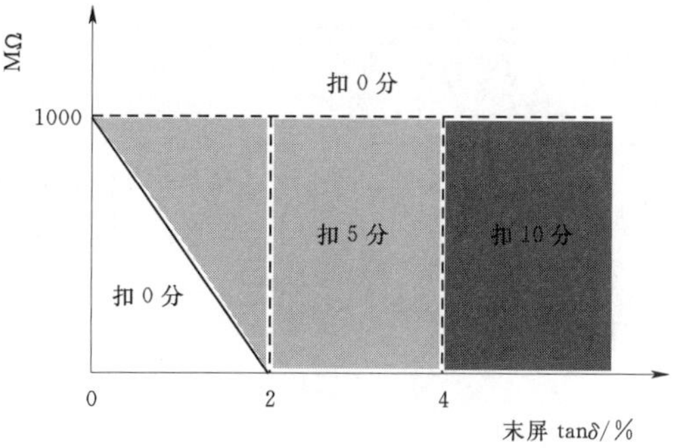
</td></tr>
<tr><td>11</td><td>绕组温度</td><td>示值差<10℃</td><td>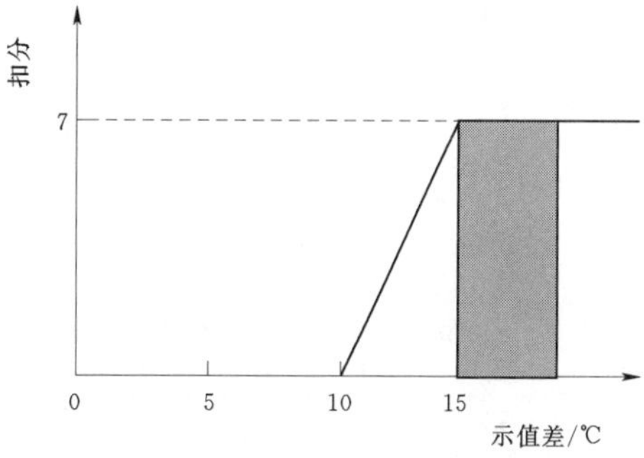
</td></tr>
</table>

序号	状态量	标准要求	评分标准
		辅助状态量	
12	油箱温度	温度场分布无异常	扣分 12 …… 0 10 15 20 最热点温度与正常区域温度之差/℃
13	轻瓦斯信号回路绝缘电阻	绝缘电阻>1MΩ	不满足扣 7 分
14	油位	无异常（无假油位现象）	不满足扣 8 分
15	密封	无渗油	1. 渗油扣 2 分。 2. 滴油扣 4 分
16	油漆	无锈蚀，油漆完好	1. 相位漆脱落或变色，无法确认相位扣 1 分。 2. 箱体和附件有大面积严重锈蚀扣 2 分
17	冷却器污秽	无明显污秽	扣分 19 10 扣 10 分 扣 19 分 0 轻微 中度 明显 污秽程度
18	风扇运行情况	风扇运行正常	不满足扣 15 分
19	油简化试验	满足规程要求	每一项不合格扣 2 分，最大扣 8 分

表 E-2　　　　电流互感器状态评价评分标准

序号	评价内容	标准要求	评 分 标 准
1	绕组绝缘电阻	绕组绝缘电阻与初始值及历次数据比较，不应有显著变化	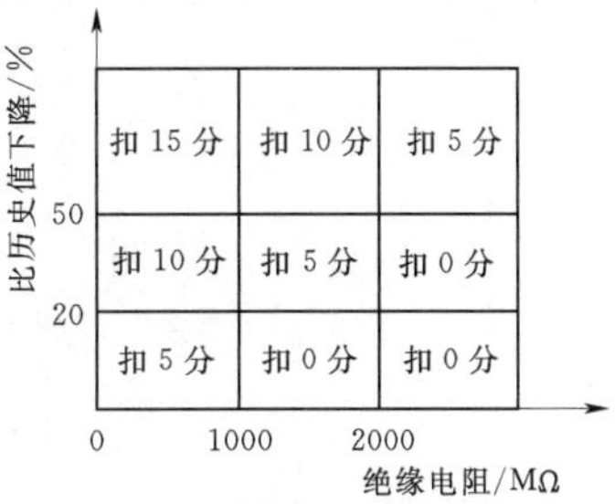 纵轴：比历史值下降/%（20、50刻度）；横轴：绝缘电阻/MΩ（0、1000、2000刻度）。表格：上行 扣15分｜扣10分｜扣5分；中行 扣10分｜扣5分｜扣0分；下行 扣5分｜扣0分｜扣0分。 绝缘电阻
2	主绝缘介质损耗因数	1. 主绝缘 tanδ 不应大于下列值： 500kV，0.7%； 220kV，0.8%； 110kV，1.0%。 2. 与初始值及历次数据比较，不应有显著变化	1. tanδ 与标准值比较，按下图扣分： 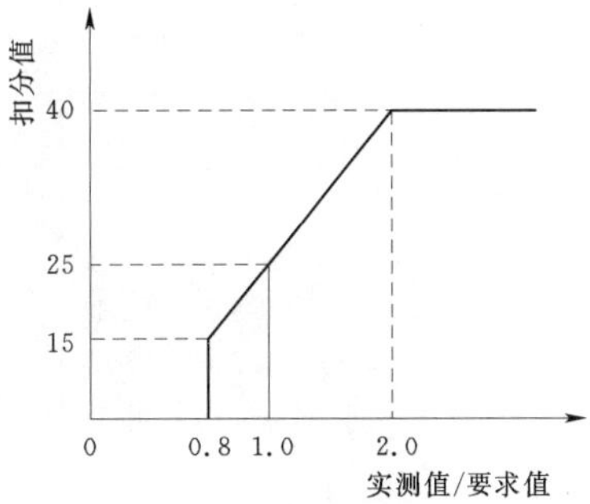 纵轴：扣分值（15、25、40）；横轴：实测值/要求值（0、0.8、1.0、2.0）。 主绝缘介质损耗因素 2. tanδ 接近标准值时，且与初始值比较有显著变化，按下图扣分： 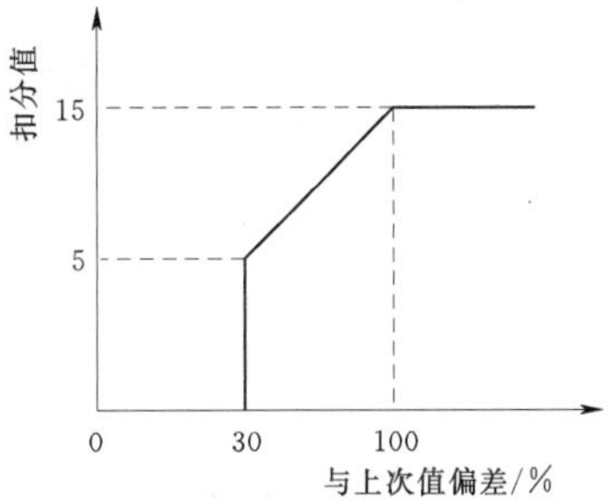 纵轴：扣分值（5、15）；横轴：与上次值偏差/%（0、30、100）。 主绝缘介质抽耗因素
3	主绝缘电容量	主绝缘电容量与初始值或出厂值比较，差别不超过±5%	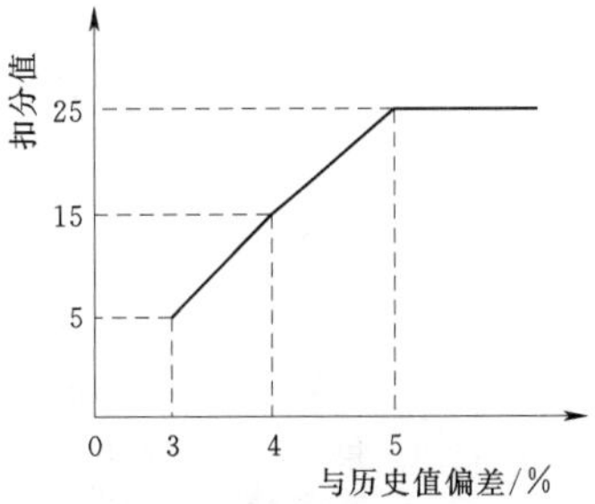 纵轴：扣分值（5、15、25）；横轴：与历史值偏差/%（0、3、4、5）。 主绝缘电容量

序号	评价内容	标准要求	评 分 标 准
4	一次绕组直流电阻	与初始值或出厂值比较，应无明显差别	一次绕组直流电阻变化明显，按以下扣分： 纵轴：与历史值偏差/%（50、20） 横轴：相间偏差/%（0、10、20） 扣 25 分　扣 25 分　扣 40 分 扣 15 分　扣 25 分　扣 25 分 扣 0 分　扣 15 分　扣 25 分 一次绕组直流电阻
5	末屏绝缘	1. 电容型电流互感器末屏对地绝缘电阻一般不低于 1000MΩ。 2. 当电容型电流互感器末屏对地绝缘电阻小于 1000MΩ 时，应测量末屏对地 $\tan\delta$，其值不大于 2%	电容型电流互感器末屏绝缘电阻不符合标准要求，按以下扣分： 纵轴：末屏介损/%（2） 横轴：绝缘电阻/MΩ（0、300、600、1000） 扣 40 分　扣 30 分　扣 25 分 扣 15 分　扣 10 分　扣 5 分 末屏绝缘
6	密封性	1. 油浸式电流互感器应无渗漏油（倒置式 TA）。 2. SF$_6$ 电流互感器无漏气现象	1. 油浸式电流互感器： 大量漏油，扣 40 分； 滴油，扣 25 分； 渗油，扣 15 分。 2. SF$_6$ 电流互感器： SF$_6$ 气体压力低报警，扣 40 分； 年漏气率大于 1%，扣 25 分； 有漏气现象，扣 15 分。 3. 倒置式 TA： 滴油，扣 40 分； 渗油，扣 25 分
7	本体温升	1. 电流互感器整体热场正常，分布基本均匀； 2. 允许最大温升和温差： 500kV、220kV，表面温升 4.5K，相间温差 1.4K； 110kV，表面温升 4K，相间温差 1.2K	纵轴：扣分值（15、25、40） 横轴：测量值/要求值（0、0.8、1、2） 温升及温差

序号	评价内容	标准要求	评 分 标 准
8	油色谱	1. 数据稳定，符合以下规定要求： H_2 不大于 $150\mu L/L$； 总烃不大于 $100\mu L/L$； 乙炔，痕量。 2. 全密封电流互感器按制造厂要求	1. H_2 超过标准要求，按以下扣分： （扣分值 纵轴：5、15；横轴 $H_2/(\mu L \cdot L^{-1})$：0、100、150） 油中溶解气体——H_2 2. 总烃超过标准要求，按以下扣分： （扣分值 纵轴：5、15、25、40；横轴 $\sum C/10^{-6}$：0、80、100、200、300） 油中溶解气体——总烃 3. 乙炔超过标准要求，按以下扣分： （扣分值 纵轴：0、5、15、25、40；横轴 乙炔 $/10^{-6}$：0.1、0.3、0.5、1.0） 油中溶解气体——乙炔
9	局部放电	1. $1.1U_m/\sqrt{3}$时，放电量不大于 $20pC$	（扣分值 纵轴：0、5、25、40；横轴 实测值/要求值：0.8、1、5）

序号	评价内容	标准要求	评 分 标 准
10	外绝缘防污闪水平	外绝缘爬距应满足所在地区污秽程度要求	外绝缘爬距低于标准要求，按以下扣分： 扣分值 纵轴：25、15、0 横轴：0.64 0.8 1 实测值/要求值 外绝缘爬距
11	异常声响	互感器各部位无放电等异常声响	不符合要求扣15分
12	本体外绝缘表面情况	外绝缘表面清洁、无破损	1. 外绝缘表面污秽，扣5分；外表面污秽并引起明显有放电现象，扣15分。 2. 外绝缘表面破损，每处扣5分
13	膨胀器、底座、二次接线盒锈蚀情况	1. 油漆完好。 2. 无锈蚀现象	1. 油漆剥落，每处扣1分。 2. 相位漆脱落或变色，扣1分。 3. 每处锈蚀，扣2分
14	绝缘油击穿电压	1. 投入运前： 110kV、220kV 电压等级互感器，≥40kV； 500kV 电压等级互感器，≥60kV。 2. 运行中： 110kV、220kV 电压等级互感器，≥35kV； 500kV 电压等级互感器，≥50kV	1. 110kV、220kV 电压等级互感器绝缘油击穿电压低于标准要求，按以下扣分： 扣分值 纵轴：40、5、0 横轴：0 25 35 40 击穿电压/kV 110～220kV 互感器绝缘油击穿电压 2. 500kV 电压等级互感器绝缘油击穿电压低于标准要求，按以下扣分： 扣分值 纵轴：40、5、0 横轴：35 50 60 击穿电压/kV 500kV 互感器绝缘油击穿电压

序号	评价内容	标准要求	评 分 标 准
15	油位	油位正常、清晰可见	1. 油位不可见，扣 40 分。 2. 油位低于下限值，扣 25 分。 3. 油位过高，扣 15 分
16	SF$_6$ 气体微水含量	1. 大修后不大于 250μL/L。 2. 运行中不大于 500μL/L	SF$_6$ 气体微水含量
17	SF$_6$ 气体压力	1. SF$_6$ 气体压力表指示在正常规定范围。 2. SF$_6$ 密度继电器正常	1. SF$_6$ 气体压力低报警，扣 40 分。 2. SF$_6$ 气体压力低于正常范围，扣 25 分。 3. SF$_6$ 气体压力过高，扣 15 分
18	连接端子及引流线温升	引线端子无过热	连接端子及引流线过热，按以下扣分： 引流线端子温升
19	接地引下线导通情况	1. 连接牢固，接地良好。 2. 截面符合热稳定要求	不符合要求扣 25 分
20	引流线连接状况	1. 连接牢固。 2. 无拉张过紧现象	每项不符合，扣 25 分
21	引流线、接地引下线锈蚀情况	无锈蚀现象	1. 油漆剥落，每处扣 1 分。 2. 每处锈蚀，扣 5 分

表 E–3　　　　　　　　　　电容式电压互感器、耦合电容器状态评价评分标准

序号	评价内容	标准要求	评 分 标 准
1	电容器极间绝缘电阻	一般不低于 5000MΩ	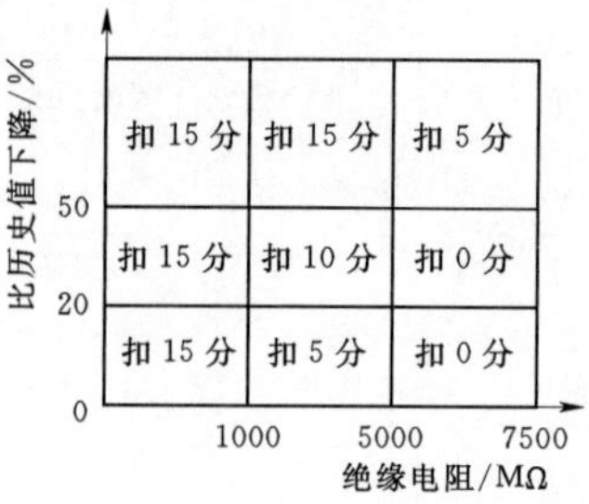 纵轴：比历史值下降/%，横轴：绝缘电阻/MΩ。上行（50以上）：扣15分｜扣15分｜扣5分；中行（20~50）：扣15分｜扣10分｜扣0分；下行（0~20）：扣15分｜扣5分｜扣0分。横轴刻度：1000、5000、7500
2	低压端对地绝缘电阻	一般不低于 100 MΩ	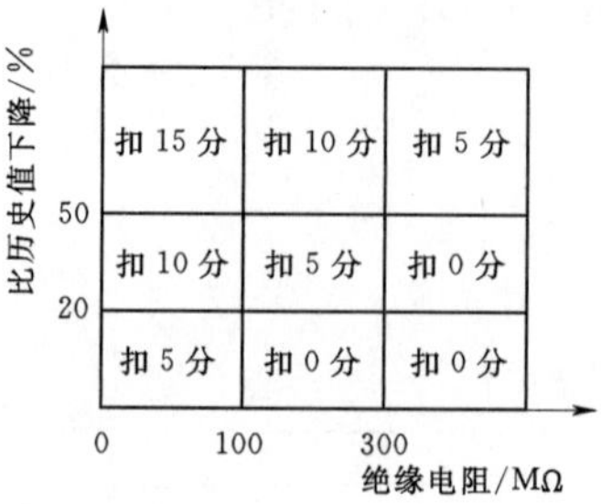 纵轴：比历史值下降/%，横轴：绝缘电阻/MΩ。上行（50以上）：扣15分｜扣10分｜扣5分；中行（20~50）：扣10分｜扣5分｜扣0分；下行（0~20）：扣5分｜扣0分｜扣0分。横轴刻度：100、300
3	电容分压器介质损耗因素	1. 10kV 下的 tanδ 应不大于：油纸绝缘，0.5%；膜纸绝缘，0.2%。2. 测量值与初始值比较不应有明显变化	1. 与标准值比较，按下图扣分：纵轴：扣分值（15、25、40），横轴：实测值/要求值（0.8、1.0、2.0）。电容分压器介质损耗因素。 2. 当 tanδ 接近标准值时，与初始值比较，按下图扣分：纵轴：扣分值（5、15），横轴：与历史值相比偏差/%（30、100）。电容分压器介质损耗因素 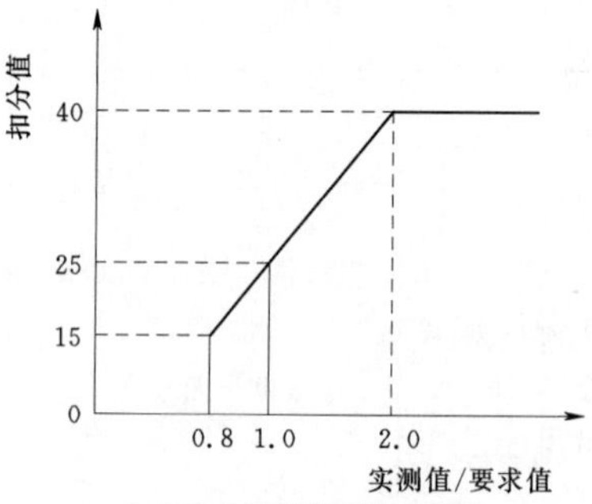 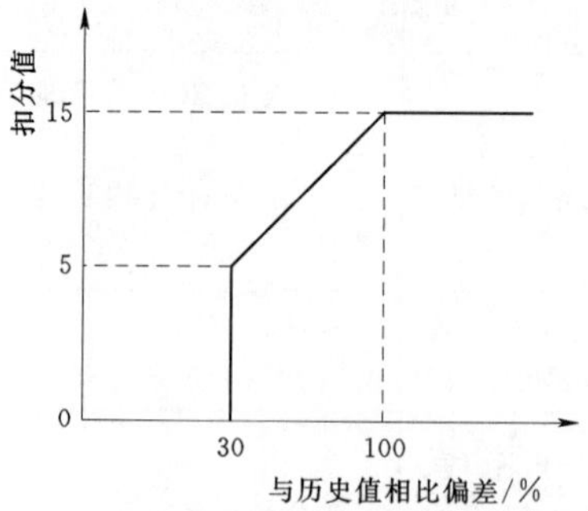

150

序号	评价内容	标准要求	评 分 标 准
4	电容分压器电容量	1. 每节电容值偏差不应超出额定值－5%～＋10%范围。 2. 电容值大于出厂值102%时应缩短试验周期	扣分值：40、25、15；横轴与额定值偏差/%：0 2 5 10 电容分压器电容量
5	电容器渗漏油情况	电容单元无渗漏油	1. 电容单元轻微渗油，扣25分。 2. 电容单元严重渗油、漏油，扣40分
6	电容器温升	1. 热场正常，分布基本均匀。 2. 电容器最大允许温升和温差： 110kV 时 膜纸绝缘，温升1.5K，相间温差0.5K； 油纸绝缘，温升3.0K，相间温差1.0K。 220kV、500kV 时 膜纸绝缘，温升2.0K，相间温差0.6K； 油纸绝缘，温升5.0K，相间温差1.5K	扣分值：40、25、15；横轴测量值/要求值：0 0.8 1 2 温升及温差
7	运行声响	无放电等异常声响	各部位出现放电声，扣15分
8	外绝缘防污闪水平	外绝缘爬距应满足所在地区污秽程度要求	外绝缘爬距低于标准要求的，按以下扣分： 扣分值：25、15；横轴实测值/要求值：0 0.64 0.8 1 外绝缘爬距

序号	评价内容	标准要求	评 分 标 准
9	本体外绝缘表面情况	外表面清洁、无破损	1. 外表面污秽，扣 5 分，外表面污秽并引起明显有放电现象，扣 15 分。 2. 外表面破损，每处扣 5 分
10	外瓷套和法兰结合情况	结合紧密，无开裂	每处不符合要求扣 5 分
11	整体垂直度	无明显倾斜，偏差小于整体高度的 1%	不符合要求，扣 5 分
12	中间变压器绝缘电阻	与初始值比较不应有明显变化	纵轴：比历史值下降/%；横轴：绝缘电阻/MΩ。 扣 15 分　扣 10 分　扣 5 分（50 以上） 扣 10 分　扣 5 分　扣 0 分（20～50） 扣 5 分　扣 0 分　扣 0 分（20 以下） 横轴刻度 0　100　300
13	中间变压器介质损耗因素	与初始值比较不应有明显变化	纵轴：扣分值；横轴：与历史值相比偏差/%。折线图：0～20 为 0，20 处为 5，30 处达 15，之后为 15。 中间变压器介质损耗因素
14	二次电压变化量	1. 三相电压基本平衡，偏差不大于 2%。 2. 二次开口三角电压 $3U_0$ 不大于 1.5V	纵轴：扣分值；横轴：相间电压偏差/%。折线图：1 处为 15，2 处为 25，3 处达 40，之后为 40。 二次电压变化量

152

序号	评价内容	标准要求	评 分 标 准
14	二次电压变化量	1. 三相电压基本平衡，偏差不大于 2%。 2. 二次开口三角电压 $3U_0$ 不大于 1.5V	（扣分值曲线图：纵轴为扣分值，标值 15、25、40；横轴为开口三角电压/V，标值 1、1.5、3；二次电压变化量）
15	中间变压器渗漏油情况	中间变压器无渗漏油	1. 中间变压器漏油，扣 25 分。 2. 中间变压器渗油，扣 15 分
16	中间变压器温升	1. 热场正常，分布基本均匀。 2. 中间变压器最大允许温升： 110kV，温升 5K，相间温差＞1.5K； 220kV、500kV，温升 6K，相间温差 1.8K	（扣分值曲线图：纵轴为扣分值，标值 15、25、40；横轴为测量值/要求值，标值 0.8、1、2；温升及温差）
17	阻尼电阻	阻值正常，无过热现象	1. 分体式电容式电压互感器阻尼电阻不合格，扣 25 分。 2. 阻尼电阻严重过热，扣 25 分
18	中间变压器的油位	油位正常、清晰可见	油位不可见，扣 25 分
19	中间压变、二次接线盒、底座锈蚀情况	1. 油漆完好。 2. 无锈蚀现象	1. 油漆剥落，每处扣 1 分。 2. 相位漆脱落或变色，扣 1 分。 3. 每处锈蚀，扣 2 分
20	接地引下线导通情况	1. 连接牢固，接地良好。 2. 截面符合热稳定要求	1. 连接松动接地不良，扣 40 分。 2. 不满足热稳定要求，扣 25 分
21	高压引线连接情况	1. 连接牢固。 2. 无拉张过紧现象	每项不符合，扣 15 分
22	引线锈蚀情况	无锈蚀现象	1. 存在油漆剥落现象，扣 1 分。 2. 每处锈蚀，扣 5 分

表 E - 4　　　　　　金属氧化物避雷器状态评价评分标准

序号	评价内容	标准要求	评 分 标 准
1	绝缘电阻	绝缘电阻≥2500MΩ	1. 绝缘电阻低于 5000MΩ，扣 5 分。 2. 绝缘电阻低于 2500MΩ，扣 15 分
2	直流参考电压及泄漏电流	1. 直流参考电压 U_{1mA} 实测值与初始值或制造厂规定值比较，不应有显著变化。 2. $0.75U_{1mA}$ 下的泄漏电流不大于 $50\mu A$；与初始值比较不应有显著变化	1. U_{1mA} 实测值与初始值或制造厂规定值比较，变化明显的，按以下扣分： 2. $0.75U_{1mA}$ 下的泄漏电流增大，按以下扣分： 3. $0.75U_{1mA}$ 下的泄漏电流与初始值比较变化大于 $15\mu A$，扣 5 分
3	运行电压下交流泄漏电流阻性分量	测量值与初始值比较不应有明显变化	阻性电流测量值增加明显的，按以下扣分：

序号	评价内容	标准要求	评 分 标 准
4	在线监测泄漏电流表指示值	数据稳定，测量值与初始值比较不应有明显变化	在线监测泄漏电流表指示值增加明显的，按以下扣分： 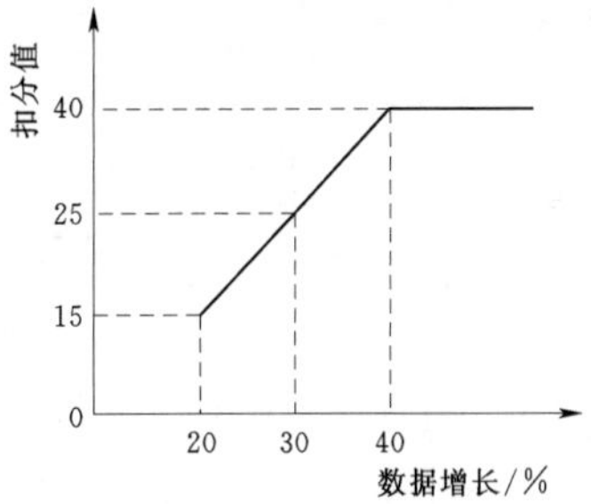
5	电容量	500kV 避雷器的电容量与历次测量值无明显变化	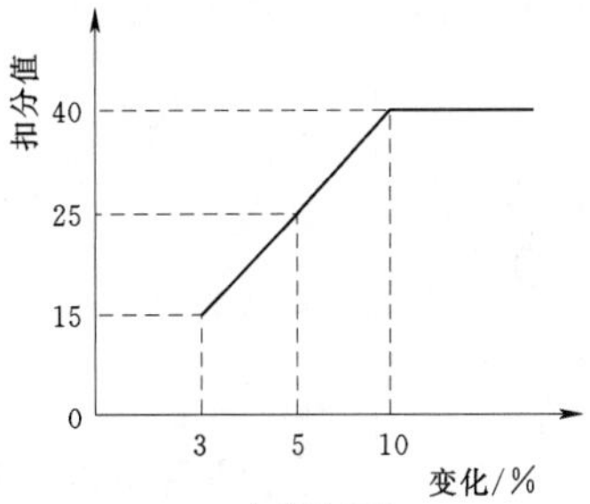
6	本体温升	1. 整体热场分布基本均匀。 2. 允许最大温升和温差： 110kV，温升 1.0K，相间温差 0.5K； 220kV，温升 1.5K，相间温差 0.6K； 500kV，温升 3.0K，相间温差 1.2K	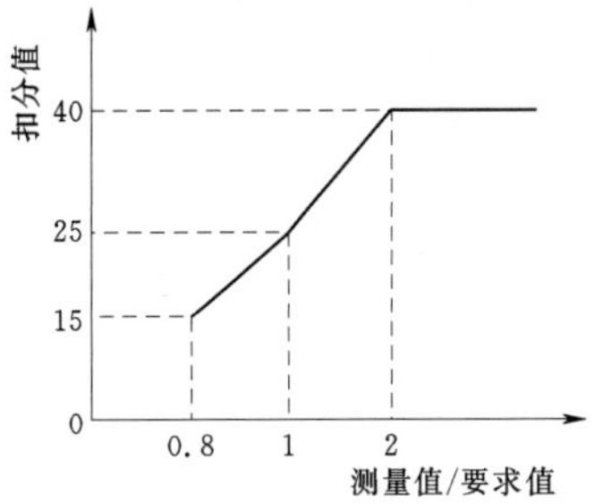
7	外绝缘防污闪水平	外绝缘爬距应满足所在地区污秽程度要求	外绝缘爬距低于标准要求的，按以下扣分： 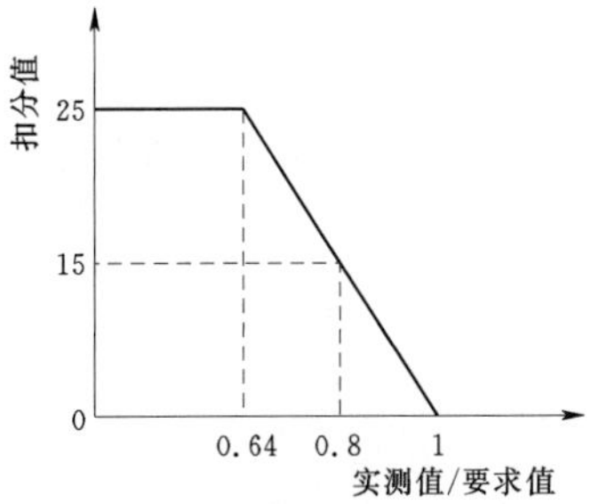

泄漏电流表指示

电容量变化

温升及温差

外绝缘爬距

序号	评价内容	标准要求	评 分 标 准
8	本体外绝缘表面情况	1. 外表面应清洁、无破损。 2. 油漆完好	1. 外表面污秽，扣 5 分，外表面污秽并引起明显有放电现象扣 15 分。 2. 外表面破损，每处扣 5 分
9	外套和法兰结合情况	结合紧密，无开裂	每处不符合要求扣 5 分
10	整体垂直度	偏差小于整体高度的 1%	不符合要求扣 5 分
11	底座绝缘电阻	测量值不小于 10MΩ	1. 绝缘电阻低于 300MΩ，扣 5 分。 2. 绝缘电阻低于 50MΩ，扣 15 分。 3. 绝缘电阻低于 10MΩ，扣 25 分
12	在线监测泄漏电流表（含放电计数器）状况	1. 动作试验正常，指示正确。 2. 无进水受潮。 3. 指针无卡涩等现象	1. 动作试验不合格扣 25 分。 2. 指针指示异常扣 25 分。 3. 进水受潮扣 5 分
13	接地引下线导通情况	1. 连接牢固，接地良好。 2. 截面符合热稳定要求	1. 连接松动、接地不良，扣 40 分。 2. 截面不符合要求，扣 25 分
14	均压环及引流线连接情况	1. 连接牢固； 2. 均压环无明显倾斜变形； 3. 引流线无拉张过紧现象	1. 均匀环不符合要求，扣 15 分。 2. 引线不符合要求，扣 25 分
15	均压环及引流线锈蚀情况	油漆完好，无锈蚀现象	1. 存在油漆剥落现象，每处扣 1 分。 2. 相位漆脱落或变色，扣 1 分。 3. 每处锈蚀，扣 5 分

表 E - 5　　　　　　　　　断路器状态评价评分标准

序号	评估内容	标准要求	评 分 标 准
		主状态量	
1	累计开断故障能力（或 I^2t）	在制造厂规定值内	累计开断故障电流（或 I^2t）在制造厂规定值的 80%～100% 范围内，按下图扣分： 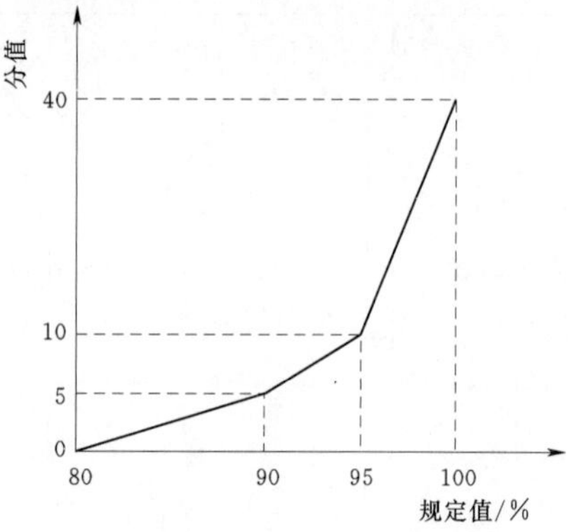

序号	评估内容	标准要求	评 分 标 准
			主状态量
2	累计机械操作次数	在制造厂规定值内	累计机械操作次数在制造厂规定值的 80%～100% 范围内，按下图扣分： 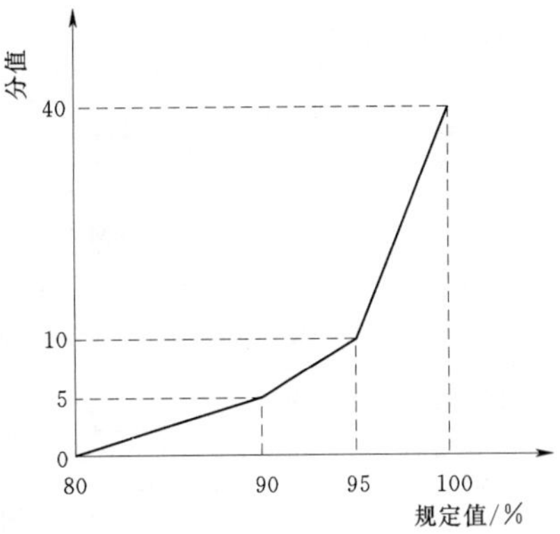
3	套管外绝缘	无放电声	出现放电声、电晕扣 10 分
		外绝缘爬距应满足污区划分图的要求	要求值/实际值在 0.95～1.15 范围内，按下图扣分： 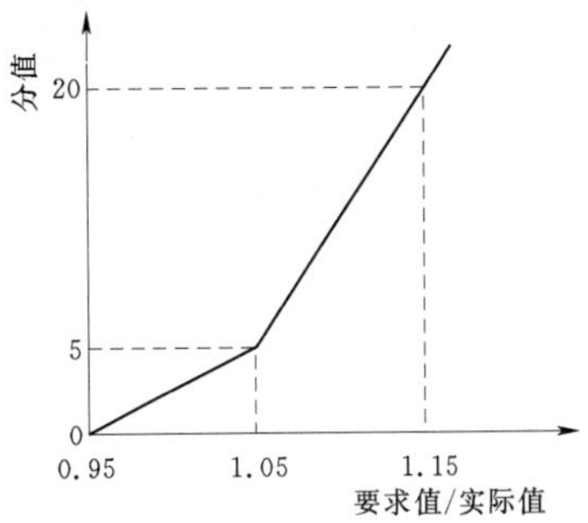
4	SF₆ 气体泄漏	在制造厂规定范围	1. 2 年内补气一次扣 10 分。 2. 1 年内补气一次扣 20 分。 3. 6 个月内补气一次扣 30 分。 4. 3 个月内补气一次扣 40 分
5	SF₆ 气体含水量	≤300μL/L	SF₆ 气体含水量在 200～600μL/L 范围内，按下图扣分： 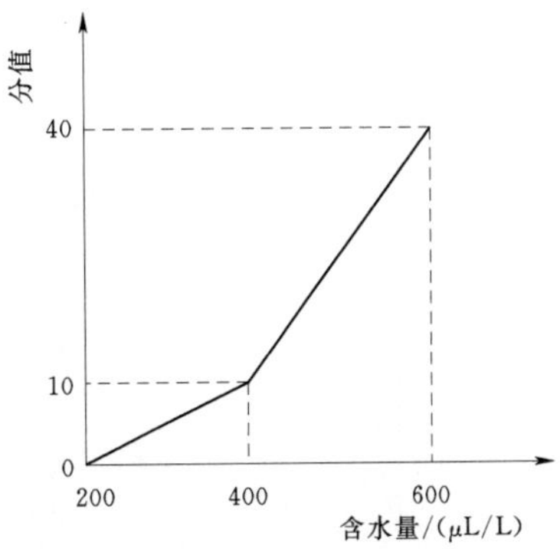

序号	评估内容	标准要求	评 分 标 准
			主状态量
6	分、合闸操作	操作正常	1. 曾发生误分、合闸操作，原因不明，扣10分。 2. 曾发生拒分、合闸操作，原因不明，扣20分
7	分闸动作电压	在规定范围内	1. ≤30%操作电压时动作，扣20分。 2. ≥65%U_n时，不动作扣40分。 3. 与前次试验操作电压比较，动作电压变化超过30%，扣20分
8	合闸动作电压	在规定范围内	1. ≥80%操作电压时不动作，扣30分。 2. 与前次试验操作电压比较，动作电压变化超过30%，扣20分
9	合闸同期性	在规定范围内	同相同期超过3ms、相间同期超过5ms，扣20分
10	分闸同期性	在规定范围内	同相同期超过2ms、相间同期超过3ms，扣20分
11	分、合闸时间	在规定范围内	超过制造厂规定范围±5%，扣20分
12	分、合闸速度	在规定范围内	超过制造厂规定范围±5%，扣20分
13	回路电阻	<1.2倍出厂值	测量值/出厂值在1～3范围内，按下图扣分： 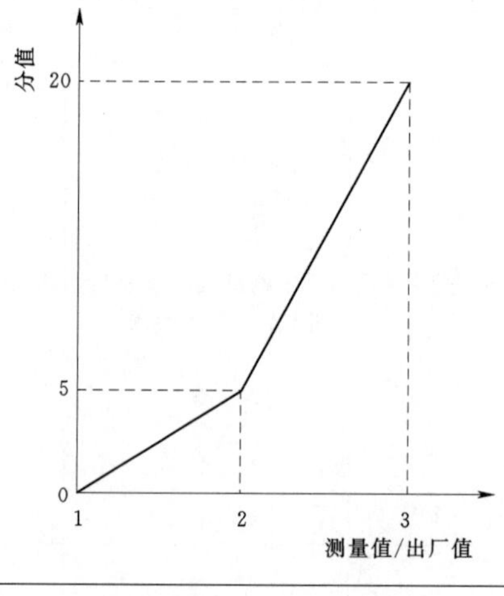
14	导电连接点的相对温差或温升（两者中选扣分最大的）	相对温差<60%	相对温差在40%～95%范围内，按下图扣分： 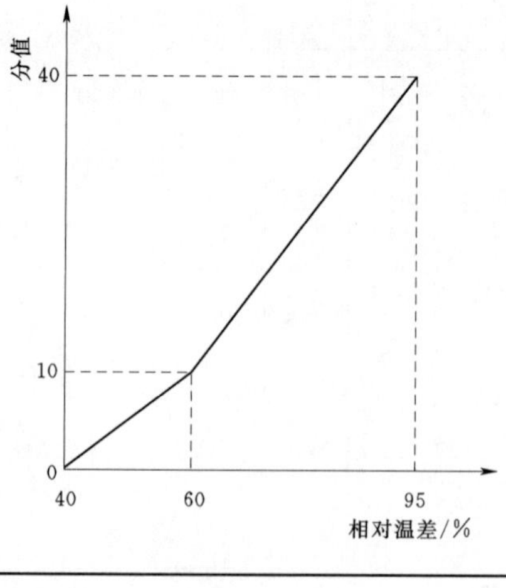

序号	评估内容	标准要求	评 分 标 准
		主状态量	
14	导电连接点的相对温差或温升（两者中选扣分最大的）	温升＜40K	温升在30～65K范围内，按下图扣分： 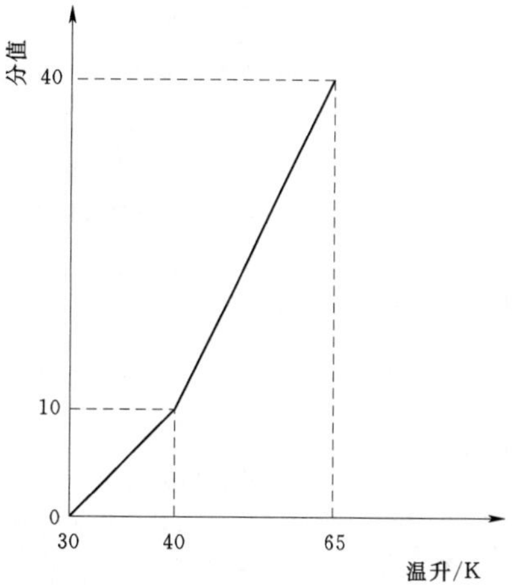 分值 40 10 0　30　40　65　温升/K
15	液压或气动机构启动次数	压力正常，每天启动次数少于5次	机构每天启动次数在4～20范围内，按下图扣分： 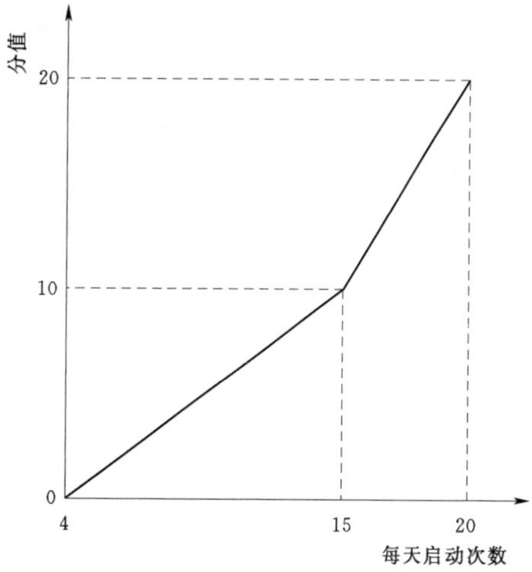 分值 20 10 0　4　15　20　每天启动次数
16	液压或气动机构渗漏油（气）	不渗油（气）	渗油（气）扣15分

序号	评估内容	标准要求	评 分 标 准
		主状态量	
17	断口电容器介损	在规定范围内	介损与上次试验数据（$\tan\delta = 0.15$ 及以上）比较变化超过50%时，按下图扣分： 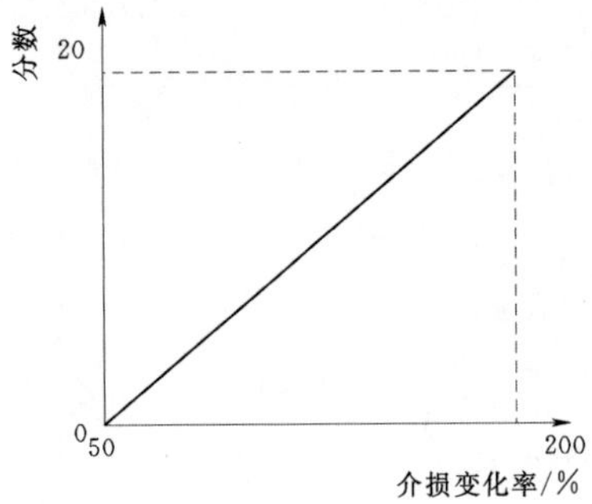 （图：纵轴 分数，0～20；横轴 介损变化率/%，50～200） $\tan\delta > 0.5\%$（油纸绝缘），扣40分
18	断口电容器电容量	在出厂值的±5%内	超出出厂值范围±5%扣40分
19	断口电容渗漏油	不渗漏油	1. 渗油，扣10分。 2. 滴油，扣40分
20	合闸电阻值	在制造厂规定范围内	合闸电阻阻值超过制造厂规定时，扣25分
21	合闸电阻有效接入时间	在制造厂规定范围内	有效接入时间超过制造厂规定时，扣25分
22	拐臂、连杆、拉杆	正常、完好	有裂纹，扣20分
		辅助状态量	
1	密度继电器	正常	密度继电器失灵，扣20分
2	压力表	正常	1. 压力表指示不正确扣5分。 2. 压力表损坏指示失灵扣10分
3	压力开关	正常	压力开关失灵，扣20分
4	机构控制或辅助回路绝缘	绝缘电阻≥2MΩ	绝缘电阻值在0.5～2MΩ范围内，按下图扣分： 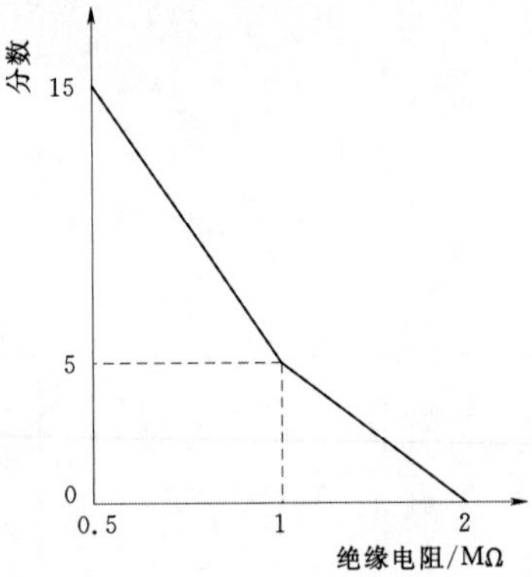 （图：纵轴 分数，0、5、15；横轴 绝缘电阻/MΩ，0.5、1、2）

序号	评估内容	标准要求	评 分 标 准
主状态量			
5	机构箱密封	良好	1. 关闭不严扣 5 分。 2. 漏水扣 10 分
6	辅助开关投切状况	操作正常	1. 卡涩、接触不良扣 10 分。 2. 曾发生切换不到位，原因不明，扣 10 分
7	控制和辅助回路元器件工作状态	完好	1. 控制和辅助回路元器件损坏或失灵扣 10 分。 2. 端子排锈蚀、脏污严重，或接线桩头松动、发热扣 15 分
8	金属件	无锈蚀	1. 本体金属件锈蚀，扣 10 分。 2. 操动机构金属件锈蚀，扣 10 分。 3. 开关底座等金属件锈蚀，扣 10 分
9	构架和基础	完好	1. 构架有裂纹，或基础露筋、轻微剥落，扣 5 分。 2. 构架倾斜，或风化露筋、锈蚀严重，扣 10 分。 3. 构架开裂、倾斜严重，或基础沉降，扣 20 分
10	接地	连接牢固，接地良好	1. 无明接地，或连接松动、接地不良，或严重锈蚀，扣 10 分。 2. 出现断开、断裂，扣 20 分
11	防凝露加热器、动作计数器、机械指示工作状态	正常	1. 不能投入或失灵扣 5 分。 2. 动作计数器动作失灵扣 3 分。 3. 机械指示工作状态不正确扣 5 分